地县级电网发电厂及直供用户涉网设备运行管理

主　编　陈锡祥
副主编　张　浩　王函韵

中国电力出版社
CHINA ELECTRIC POWER PRESS

内 容 提 要

本书从涉网设备调度运行的角度出发，对涉网设备构成、涉网设备接入管理、涉网设备运行管理、涉网设备检修管理、涉网设备资料管理、涉网设备缺陷与故障处理以及涉网设备事故案例等内容进行了系统阐述。

本书适合发电厂及调度直供用户的电气专业人员学习参考，也可作为调度运行岗位的培训用书和相关专业职业教育的教学用书。

图书在版编目（CIP）数据

地县级电网发电厂及直供用户涉网设备运行管理/陈锡祥主编. —北京：中国电力出版社，2015.9（2021.1 重印）

ISBN 978 - 7 - 5123 - 8027 - 1

Ⅰ. ①地… Ⅱ. ①陈… Ⅲ. ①发电厂-电气设备-设备管理-职业教育-教学参考资料 Ⅳ. ①TM621.7

中国版本图书馆 CIP 数据核字（2015）第 153985 号

中国电力出版社出版、发行

（北京市东城区北京站西街 19 号 100005 http：//www.cepp.sgcc.com.cn）

北京雁林吉兆印刷有限公司印刷

各地新华书店经售

*

2015 年 9 月第一版 2021 年 1 月北京第二次印刷

787 毫米×1092 毫米 16 开本 12.75 印张 213 千字

印数 2001—2500 册 定价 **45.00** 元

编 委 会

前言

近年来，随着地方电厂（包括光伏、风电等新能源电源）及众多不同性质的直供用户不断接入电网，因用户设备故障、误操作等原因导致的电网事件屡有发生。发电厂及直供用户的并网安全不仅关乎用户自身利益，更对电网安全稳定运行有很大影响。目前对供电可靠性的要求日益提高，研究发电厂及直供用户涉网设备运行技术，对进一步强化电力需求侧安全管理具有十分重要的意义。涉网设备作为直调设备和用户内部设备的电网分界点，其调度运行管理技术的全面解析对调控专业人员、发电厂及直供用户运行人员的工作大有裨益。同时，地县级电网发电厂及直供用户调度运行的精益化管理、新能源并网技术的发展，也要求从事涉网设备调度及变电运维的人员进一步提高技术水平与管理水平，以加快故障处理速度，适应电网发展的需要。因此，国网浙江省电力公司湖州供电公司调控中心组织编写了《地县级电网发电厂及直供用户涉网设备运行管理》一书，以便电网各级调度运行部门及发供电用户相互交流和学习，用以指导、督促用户加强涉网设备安全管理，保证用户用电安全可靠，同时进一步做好电网的安全运行工作。

本书从涉网设备运行管理的角度出发，对电网运行所涉及的知识进行了全面介绍，可有效帮助地县级电网发电厂及直供用户运维人员及电网调控人员提高自身理论水平、操作技能及事故处理能力。

本书从理论和实际运行两方面着手，侧重于涉网设备的管理，包括涉网设备构成、涉网设备接入管理、涉网设备运行管理、涉网设备检修管理、涉网设备资料管理、涉网设备缺陷与故障处理、涉网设备事故案例等内容，涵盖了涉网设备运行技术的各个方面。

本书在编写过程中得到了相关发电厂及直供用户电气技术人员的支持和帮助。杨荣兴、孙明明、褚银发、房华、施建辉、田中、陈国庆、孟照胜、张树光、张校清、王真等专家提供了许多宝贵的建议，在此一并向他们表示衷心感谢。

由于本书涉及内容广泛，加之编者水平有限，书中疏漏之处在所难免，希望读者批评指正。

编　者

目录

1 涉网设备构成

1.1 涉网设备概述

1.1.1 基本概念

涉网设备是指涉及电网安全、优质、经济运行的并网发电厂和用户设备，其主要包括并网电厂和用户变电站中的母线、断路器、变压器、发电机、互感器等一次设备，也包括控制、保护及维持系统稳定的二次设备及其他设备，是整个电力系统中不可分割的重要组成部分。

涉网设备故障或异常，将直接影响电厂出力和用户的正常供电，还可能引起整个电网电压、频率等电气量的异常和波动；涉网设备操作维护不当，将直接威胁现场运行人员的生命安全与设备安全，还有可能导致事故进一步扩大，影响局部电网的安全、稳定运行；涉网设备运行状态（例如，用户电容器、发电机无功出力等）安排不当，有可能影响电网的潮流分布，不利于电网的经济运行及电压控制。

同时，部分涉网设备还承担着整个电网的调节任务，如一次调频、二次调频、基本无功调节、自动发电控制（AGC）、自动电压控制（AVC）、旋转备用等。在发生严重的电网故障时，有些还要作为地区的黑启动电源，为其他无自启动能力的机组提供启动电源，以逐步恢复整个地区电网的供电。

因此，保障涉网设备的安全运行，不仅是保证发电厂安全并网和大用户可靠用电的内在要求，也是电网安全、优质、经济运行的必要条件。

1.1.2 主要特点

由于地县级电网发电厂及直供用户涉网设备均属于用户资产，电厂和用户在采购电气设备时拥有完全的自主权，因此各种涉网设备品牌繁杂，性能各异，维护操作的方法也不尽相同。

与主网设备相比，发电厂及用户一般更注重设备的经济性，其各方面性能和可靠性往往不如主网设备。部分涉网设备的更新周期长，设备较老旧，因此对巡视和运维的要求相应也较高。发电厂及用户运行值班人员（特别是用户变电站）往往都是新招聘人员，且相关配套的技能培训力度有限，人员流动性较大，对设备的熟悉程度和业务技能水平均不高，运行维护难以达到理想状态，这使得涉网设备的安全性不如主网设备。

1.2 涉网电气一次设备

1.2.1 电力线路

电力线路是用于输送与分配电能的设备，按其作用可分为输电线路和配电线路。输电线路是指架设在发电厂升压变电站与地区变电站之间或地区变电站之间的线路，用于输送电能；配电线路是指从地区变电站到用户变电站或城乡电力变压器之间的线路，用于传输、分配电能。

1. 电力线路的分类及其优缺点

按电力线路的结构可分为架空线路与电缆线路。

（1）架空线路。架空线路由导线、避雷线、杆塔、绝缘子、金具、拉线、杆塔基础等构成，各组成部分的作用见表1-1。

表1-1　　架空线路各组成部分的作用

元件名称	主要作用
导线	传导电流，输送电能
避雷线	用于把雷电流导入大地，以保护线路绝缘免遭大气过电压的破坏
杆塔	支撑导线和地线，并使导线和导线之间、导线和地线之间、导线和杆塔之间以及导线和被跨越物之间，保持一定的安全距离
绝缘子	固定导线，并使得导线和杆塔之间保持绝缘状态
金具	主要用于固定、连接、接续、调节及保护
拉线	加强杆塔强度，承担外部负载的作用力，以减少杆塔材料消耗量，减低杆塔的造价
杆塔基础	将杆塔固定于地下，以保证杆塔不发生倾斜、下沉、上拔及倒塌

架空线路的导线主要架设在空中，其运行条件相当恶劣，因而它的材料应有相当高的抗腐蚀能力与机械强度，而且导线还应具有良好的导电性能。其主要由铝、钢、铜等材料制成，在特殊条件下也使用铝合金。在工程上，以不同的英文字母表示不同的材料：L 表示铝；G 表示钢；T 表示铜；HL 表示铝合金。

由于钢的机械性能好，铝的载流能力强，且多股线优于单股线。故架空线路中，以钢和铝组合起来制成的钢芯铝绞线运用最广。其中：LGJ 代表普通钢芯铝绞线；LGJJ 代表加强型钢芯铝绞线；LGJQ 代表轻型钢芯铝绞线。在其型号后加上代表其主要载流部分的截面积数值（单位：mm^2），就是架空导线的型号，如 LGJ－400 表示载流部分（指铝线）截面积为 $400mm^2$ 的钢芯铝绞线。

（2）电力电缆。电力电缆由线芯（导体）、绝缘层、屏蔽层和保护层 4 部分组成，各组成部分的作用见表 1－2。

表 1－2　　电力电缆各组成部分的作用

元件名称	主 要 作 用
线芯（导体）	电力电缆的导电部分，用来输送电能
绝缘层	将线芯与大地以及不同相的线芯间在电气上彼此隔离，保证电能输送
屏蔽层	15kV 及以上的电力电缆一般都有导体屏蔽层和绝缘屏蔽层，它可以将电磁场屏蔽在电缆内。同时，当电缆芯线内发生破损，泄漏出来的电流可以顺屏蔽层流入接地网，起安全保护的作用
保护层	保护电力电缆免受外界杂质和水分的侵入，防止外力直接损坏电力电缆

（3）架空线路与电力电缆的比较见表 1－3。

表 1－3　　架空线路与电力电缆的比较

电力线路	优 点	缺 点
架空线路	（1）施工周期短、建设费用低、技术要求不高，有利于大规模，长距离的建设； （2）结构简单直观，易于事故后，故障点的查找，维护检修方便； （3）散热性能好，输送容量大	（1）易受雷击、覆冰、台风等外力破坏的影响，供电可靠性略低； （2）所经路径要有足够的地面宽度和净空走廊，占地面积较大； （3）由于导线直接裸露，可能发生误碰、导线跌落等触电事故
电力电缆	（1）受外界因素（如雷害、风害、鸟害等）影响小，供电可靠性高； （2）电力电缆是埋入地下的，工程隐蔽，美观，占用空间小，所以对市容环境影响较小，即使发生事故，一般也不会影响人身安全； （3）电缆电容较大，可改善线路功率因数	（1）成本高，一次性建设投资大，电缆线路的投资约为同电压等级架空线路的 10 倍； （2）线路分支困难； （3）故障点较难发现，不便及时处理事故； （4）电缆接头施工工艺复杂； （5）导体散热差，导电能力小

由于电力电缆与架空线路各有各的优缺点，因而它们运用的场所也各有不同。出于建设成本及技术水平的考虑，220kV 及以上电压等级的电力线路通常为架空线路，而电力电缆则常用于城市地下电网、发电站的引出线路、工矿企业的内部供电及过江、过海的水下输电线。

随着技术的发展，电缆制造工艺水平的提高，在电力线路中，电缆所占的比重正逐渐增加，已出现 1～500kV 及以上电压等级、各种绝缘的电力电缆。随着城市化的推进和土地资源的日益稀缺，电力电缆将在电能输送中发挥越来越重要的作用。

2. 电力线路的主要参数

电力线路的主要参数有串联电阻、电抗和并联电纳、电导，均可以通过测量和计算得出，单位长度电力线路的一相等效电路如图 1－1 所示。

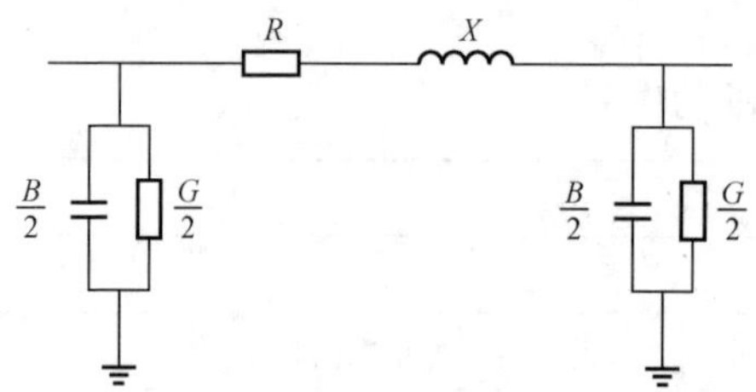

图 1－1　单位长度电力线路的一相等效电路

R—电阻；X—电抗；B—电纳；G—电导

由于电力线路存在电阻 R，输送电能过程中，不可避免地存在有功损耗 I^2R，这将导致导体发热，限制导线长期运行的安全电流值。通过提高输送电压、减少无功功率的远距离传输等手段，可有效减少有功损耗，提高经济效益。架空线路长期允许载流量见表 1－4。

表 1－4　架空线路长期允许载流量

导线型号	允许电流（A）	导线型号	允许电流（A）
LGJ－50	220	LGJ－500	966
LGJ－70	275	LGJ－2×185	1030
LGJ－95	335	LGJ－600	1090
LGJ－120	380	LGJ－2×240	1220
LGJ－150	445	LGJ－700	1250
LGJ－185	515	LGJQ－2×300	1380
LGJ－240	610	LGJ－2×300	1420
LGJQ－300	690	LGJQ－2×400	1762
LGJ－300	710	LGJQ－4×300	2760
LGJQ－400	825	LGJQ－4×400	3344
LGJ－400	845	LGJQ－6×400	5286

同时，由于线路上存在对地电纳 B（呈容性），只要线路上存在电压，即会有

无功功率发出，故空充线路的末端电压将会高于首端，尤其是电缆线路的容升效应更为明显。运行人员在实际操作中也应注意这一特点，防止空充长线路或电缆造成的末端过电压事故。

3. 线路运维要求

(1) 架空线路的运行维护要求主要有：

1) 线路上使用的器材，不应有松股、交叉、折叠和破损等缺陷。

2) 导线截面和弛度应符合要求，一个档距内一根导线上的接头不得超过一个，且接头位置距导线固定处应在 0.5m 以上；裸铝绞线不应有严重腐蚀现象；钢绞线、镀锌铁线的表面良好，无锈蚀。

3) 金具应光洁，无裂纹、砂眼、气孔等缺陷，安全强度系数不应小于 2.5。

4) 绝缘子瓷件与铁件应结合紧密，铁件镀锌良好；绝缘子瓷釉光滑，无裂纹、斑点，无损坏、歪斜，绑线未松脱。

5) 横担上下歪斜和左右扭斜不得超过 20mm。

6) 线间、交叉、跨越和对地距离，均应符合规程要求。

7) 防雷、防振设施良好，接地装置完整无损，接地电阻符合要求，避雷器预防试验合格。

8) 运行标志完整醒目。

(2) 电缆线路的运行维护要求主要有：

1) 每季进行一次巡视检查，对室外电缆头则每月应检查一次。遇大雨、洪水等特殊情况和发生故障时，应酌情增加巡视次数。

2) 巡视检查的主要内容包括：

a. 是否受到机械损伤；

b. 有无腐蚀和浸水情况；

c. 电缆头绝缘套有无破损和放电现象等。

3) 为了防止电缆绝缘过早老化，线路电压不得过高，一般不应超过电缆额定电压的 15%。

4) 保持电缆在规定的允许持续载流量下运行。由于过负荷对电缆的危害很大，应经常测量和监视电缆的负荷。

5) 定期检测电缆外皮的温度，监视其发热情况。一般应在负荷最大时测量电缆外皮的温度，以及选择散热条件最差的线段进行重点测试。

4. 线路操作的注意事项

(1) 线路停电操作顺序：拉开线路两端断路器、线路侧隔离开关、母线侧隔离开关，线路上可能来电的各端合接地开关（或挂接地线）。

(2) 线路送电操作顺序：拉开线路各端接地开关（或拆除接地线），合上线路两端母线侧隔离开关、线路侧隔离开关，合上断路器。

(3) 线路停送电操作：如一侧为发电厂另一侧为变电站，一般在变电站侧停送电，在发电厂侧解合环；如两侧均为变电站或发电厂，一般在短路容量大的一侧停送电，在短路容量小的一侧解合环；有特殊规定的除外。

(4) 应考虑电压和潮流转移，特别注意防止其他设备过负荷或超过稳定限额，防止发生自励磁及线路末端电压超过允许值。

(5) 任何情况下严禁约时停送电。

1.2.2 发电机

发电机是将其他形式的能源转换成电能的机械设备，它由水轮机、汽轮机、柴油机或其他动力机械驱动，将水流、气流、燃料燃烧或原子核裂变产生的能量转化为机械能传给发电机，再由发电机转换为电能。发电机在工农业生产、国防、科技及日常生活中有着广泛的用途。

发电机的形式很多，但其工作原理都基于电磁感应定律和电磁力定律。因此，其结构原理是用适当的导磁和导电材料构成互相进行电磁感应的磁路和电路，以产生电磁功率，达到能量转换的目的。

1. 主要结构

发电机通常由定子、转子、端盖及轴承等部件构成。定子由定子铁芯、线包绕组、机座以及固定这些部分的其他结构件组成。转子由转子铁芯（或磁极、磁扼）、绕组、护环、中心环、滑环、风扇及转轴等部件组成。轴承和端盖将发电机的定子、转子连接组装起来，使转子能在定子中旋转，做切割磁力线的运动，从而产生感应电动势。感应电动势通过接线端子引出，接在回路中，便产生了电流。

2. 主要分类

发电机可分为直流发电机和交流发电机。

(1) 直流发电机是把机械能转化为直流电能的机器。它主要作为直流电动机、电解、电镀、电冶炼、充电及交流发电机励磁等所需的直流电源。虽然可用电力整流元件，把交流电变成直流电，但从使用方便、运行的可靠性及某些工作性能方面来看，交流电整流还不能和直流发电机相比。

直流发电机的工作原理就是把电枢线圈中感应产生的交变电动势，通过换向器配合电刷的换向作用，使之从电刷端引出时变为直流电动势。

电刷上不加直流电压，用原动机拖动电枢使其逆时针方向恒速转动，线圈两边分别切割不同极性磁极下的磁力线，进而在其中感应产生电动势，电动势方向按右手定则确定。由于电枢连续地旋转，因此必须使载流导体在磁场中交替地切割磁力线，虽然线圈内的感应电动势是交变电动势，但电刷 A、B 端的电动势却为直流电动势（一种方向不变的脉振电动势）。因为电枢在转动过程中，无论电枢转到什么位置，由于换向器配合电刷的换向作用，电刷 A 通过换向片所引出的电动势始终是切割 N 极磁力线的线圈边中的电动势，因此电刷 A 始终有正极性。同样，电刷 B 始终有负极性，所以电刷端能引出方向不变的但大小变化的脉振电动势。如每极下的线圈数增多，可使脉振程度减小，就可获得直流电动势。这就是直流发电机的工作原理。同时也说明了直流发电机实质上是带有换向器的交流发电机。从基本电磁情况来看，一台直流电机原则上既可作为电动机运行，也可以作为发电机运行，只是约束条件不同。在直流电机的两电刷端上，加上直流电压，将电能输入电枢，机械能从电机轴上输出，拖动生产机械，此时为电动机；用原动机拖动直流电机的电枢，而电刷上不加直流电压，则电刷端可以引出直流电动势作为直流电源，可输出电能，此时为发电机。这种既能作为电动机运行又能作为发电机运行的原理，称为可逆原理。

(2) 交流发电机又分为同步发电机和异步发电机。

1) 同步发电机。同步发电机是一种最常用的交流发电机，它广泛用于水力发电、火力发电、核能发电以及柴油机发电。由于同步发电机一般采用直流励磁，当其单机独立运行时，通过调节励磁电流，可方便地调节发电机的电压。若并入电网运行，因电压由电网决定，不能改变，此时调节励磁电流的结果是调节了电机的功率因数和无功功率。

同步发电机的定子、转子结构与同步电机相同，一般采用三相形式，只在某些小型同步发电机中电枢绕组采用单相。

2) 异步发电机。异步发电机又称感应发电机，是利用定子与转子间气隙旋转磁场与转子绕组中感应电流相互作用的一种交流发电机。其转子的转向和旋转磁场的转向相同，但转速略高于旋转磁场的同步转速。

随着电力系统输电电压的提高，线路的增长，当线路的传输功率低于自然功率时，线路和电站将出现持续的工频过电压。为改善系统的运行特性，不少技术先进的国家，较早就开始研究异步发电机在大电力系统中的应用问题，并认为大系统采用异步发电机后，可提高系统的稳定性、可靠性和运行的经济性。

异步发电机由于维护方便，稳定性好，常用作并网运行的小功率水轮发电机。当用原动机将异步电机的转子顺着磁场旋转方向拖动，并使其转速超过同步转速时，电机进入发电机运行，并把原动机输入的机械能转变成电能送至电网，这时电机的励磁电流取自电网。

异步发电机也可以并联电容，靠本身剩磁自行励磁，这时发电机的电压与频率由电容值、原动机转速和负载大小等因素决定。当负载改变时，一般要相应地调节并联的电容值，以维持电压稳定。由于异步发电机并联电容时，不需外加励磁电源就可独立发电，故在负荷比较稳定的场合，有可取之处。例如，可用作农村简易电站的照明电源或备用电源等。

3）主要特性。

a. 空载特性。发电机不接负载时，电枢电流为零，称为空载运行。此时，发电机定子的三相绕组中只有励磁电流 I_f 感生出的空载电动势 E_0（三相对称），其大小随 I_f 的增大而增大。但是，由于发电机磁路铁芯有饱和现象，所以两者不成正比。反映空载电动势 E_0 与励磁电流 I_f 关系的曲线称为同步发电机的空载特性。

b. 电枢反应。当发电机接对称负载后，电枢绕组中的三相电流会产生另一个旋转磁场，称电枢反应磁场。其转速正好与转子的转速相等，两者同步旋转。

同步发电机的电枢反应磁场与转子励磁磁场可近似地认为都按正弦规律分布。它们之间的空间相位差取决于空载电动势 E_0 与电枢电流 I 之间的时间相位差。电枢反应磁场还与负载情况有关。当发电机的负载为感性时，电枢反应磁场起去磁作用，会导致发电机的输出电压降低；当负载呈容性时，电枢反应磁场起助磁作用，会使发电机的输出电压升高。

c. 负载运行特性。主要指外特性和调整特性。外特性是当转速为额定值、励磁电流和负载功率因数为常数时，发电机端电压 U 与负载电流 I 之间的关系。调整特性是转速和端电压为额定值、负载功率因数为常数时，励磁电流 I_f 与负载电流 I 之间的关系。

同步发电机的电压变化率为 20%～40%。一般工业和家用负载都要求电压保持基本不变。因此，随着负载电流的增大，必须调整励磁电流。虽然调整特性的变化趋势与外特性正好相反，对于感性和纯电阻性负载，它是上升的，而对于容

性负载，一般是下降的。

1.2.3 变压器

变压器是一种静止的电气设备，它利用电磁感应原理，将某一数值的交流电压变成频率相同的另一种或几种数值不同的电压和电流，以实现电能的经济输送与分配。电压经升压变压器升压后，可以减少线路损耗，增大输送功率，提高输电经济性，达到远距离大功率送电的目的。而降压变压器则能把高电压变成用户所需要的各级电压。

1. 变压器的类别

变压器有各种不同的分类形式，根据不同的分类形式，可以将变压器分为不同的类别，其具体分类见表 1-5。

表 1-5　变压器分类一览表

分类形式	具体类别
按用途分类	电力变压器、特种变压器（电炉变压器、整流变压器、工频试验变压器、调压器、矿用变压器、音频变压器、中频变压器、高频变压器、冲击变压器、仪用变压器、电子变压器、电抗器、互感器等）
按绕组结构分类	芯式变压器（插片铁芯、C 型铁芯、铁氧体铁芯）、壳式变压器（插片铁芯、C 型铁芯、铁氧体铁芯）、环型变压器、金属箔变压器、辐射式变压器等
按电源相数分类	单相变压器、三相变压器、多相变压器
按冷却方式分类	自然冷式、风冷式、水冷式、强迫油循环风（水）冷式及水内冷式
按冷却介质分类	干式变压器、液（油）浸变压器及充气变压器
按绕组数量分类	自耦变压器、双绕组变压器、三绕组变压器、多绕组变压器等
按导电材质分类	铜线变压器、铝线变压器、半铜半铝变压器、超导变压器等
按调压方式分类	无励磁调压变压器、有载调压变压器
按中性点绝缘水平分类	全绝缘变压器、半绝缘（分级绝缘）变压器
按防潮方式分类	开放式变压器、灌封式变压器、密封式变压器

2. 变压器的型号

变压器铭牌中型号的组成包括两部分：基本型号—额定容量/高压侧电压等级。

(1) 第一部分基本型号由汉语拼音字母组成，代表变压器的类别、结构、特征和用途。变压器基本型号中各字母含义见表 1-6。

表 1-6　　变压器基本型号中各字母含义

排列顺序	内　容	类　别	符　号
1	绕组耦合方式	自耦降压（或自耦升压）	O
2	相数	单相	D
		三相	S
3	冷却方式	油浸自冷	J
		干式空气自冷	G
		干式浇注绝缘	C
		油浸风冷	F
		油浸水冷	S
		强迫油循环风冷	FP
		强迫油循环水冷	SP
4	绕组数目	双绕组	—
		三绕组	S
5	绕组导线材质	铜	—
		铝	L
6	调压方式	无励磁调压	—
		有载调压	Z
7	设计序号		

（2）第二部分由数字组成，用以表示产品的容量（kVA）和高压绕组电压（kV）等级。斜线左边表示额定容量（kVA），斜线右边表示一次侧额定电压（kV）。额定容量是变压器表现功率的惯用值，以 kVA 或 MVA 表示，是指分接开关位于主分接时额定空载电压、额定电流与相应的相系数的乘积。当对变压器施加额定电压时，根据额定容量可确定在国家标准规定的使用条件下不超过温升限值的额定电流。变压器可按规定超过额定容量运行。变压器的容量随冷却方式的不同而变更时，额定容量系指最大容量，对于多绕组变压器，其额定容量是指容量最大的一个绕组的容量。

如 SFPZ9－120000/110 表示三相双绕组强迫油循环风冷有载调压，设计序号为 9，容量为 120 000kVA，高压侧额定电压为 110kV 的变压器。

3. 变压器的结构及其功能

变压器的结构示意图如图 1－2 所示，其各元件名称及功能见表 1－7。

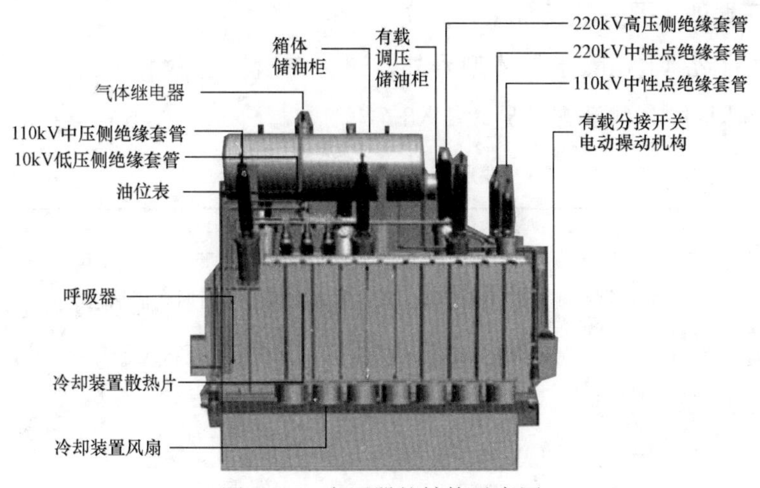

图 1-2 变压器的结构示意图

表 1-7 变压器各元件名称及其功能

元件名称	功　　能
铁芯、绕组	铁芯、绕组是变压器的主要部件，其构成变压器的电磁回路，利用电磁感应原理，实现对电压的转换与能量的传输
油箱	变压器本体即为一个巨大的油箱，变压器油具有散热和绝缘作用，保证绕组及铁芯的正常运行
储油柜	起储油和补油的作用，保证油箱内充满油，同时缩小变压器油与空气的接触面积，减缓油的劣化速度
绝缘套管	变压器的引出线从油箱内部引到外部时，必须经过绝缘套管，使引线与油箱绝缘
呼吸器	当油位随着温度的变化上升或下降时，储油柜上方通过呼吸器排出或吸入空气，同时呼吸器排除空气中的水分，减缓变压器油的劣化速度
冷却器	安装在变压器油箱壁上，帮助变压器将铁芯和绕组产生的热量散发出去
压力释放器	当变压器内部发生严重故障而产生大量气体时，压力释放器动作排出气体，避免变压器因压力过大而爆炸
气体继电器	安装在变压器本体与储油柜间的管道中，是主保护装置
分接开关	通过分接开关的调节，可以改变变压器绕组的匝数，从而调节变压器输出的电压
变压器绝缘	分为内绝缘与外绝缘，保证相与相、相与地以及绕组匝间的绝缘
变压器内部构件接地	变压器铁芯和夹具必须接地，防止运行中出现悬浮电位，造成局部放电。同时，星形接线绕组的中性点也引出接线

4. 变压器的主要参数及含义

变压器的铭牌上，除了具体型号外，还有在出厂时做的短路、空载等试验的试验参数，其具体名称及含义见表1-8。

表1-8　变压器主要参数及含义

参数名称	含　义
额定容量 S_N	指变压器在规定的额定电压、额定电流下连续运行时，能输送的容量。我国现在采用的变压器额定容量等级约按照1.26倍递增，如100、125、160kVA等。通常 S_N 小于630kVA的变压器称为小型变压器，S_N 在800～6300kVA范围内的称为中型变压器，S_N 在8000～63 000kVA范围内的称为大型变压器，S_N 大于90 000kVA的称为特大型变压器
额定电压 U_N	指变压器在空载、额定分接头下各绕组端子间的电压，它是变压器长期运行所能承受的工作电压
额定电流 I_N	指变压器在额定容量、额定电压下的长期允许工作电流
电压比 K	变压器的电压比 K 与一次、二次绕组的匝数和电压之间的关系为 $K=U_1/U_2=N_1/N_2$，式中 N_1 为变压器一次绕组，N_2 为二次绕组，U_1 为一次绕组两端的电压，U_2 为二次绕组两端的电压。升压变压器的电压比 K 小于1，降压变压器的电压比 K 大于1，隔离变压器的电压比等于1
短路电压 $U_k\%$	把变压器的二次绕组短路，在一次绕组上慢慢升高电压，当一次绕组的电流等于额定电流 I_{1N} 时，在一次侧所施加的电压，叫短路电压。计算公式为 $U_k\%=U_k/U_N\times100\%$，式中 U_N 为试验侧绕组的额定电压。短路电压反映了变压器在通过额定电流时的阻抗压降，是变压器的一个重要参数，对变压器的并联运行有重要意义；对变压器二次侧发生短路时将产生多大的短路电流起着决定性的作用
短路损耗（铜耗）	将变压器的二次绕组短路，在一次绕组额定分接头上通入额定电流时所消耗的功率，称为短路损耗，简称铜耗。铜耗与铜导线的电阻大小有关，故可称为可变损耗，一般要折算至75℃的情况下
空载损耗（铁损）	变压器一次侧加额定电压、二次侧空载运行时的有功损耗，称为空载损耗。它包含铁芯的励磁损耗和涡流损耗，对单个变压器来说，此值与外加电压的平方成正比，而与负荷的大小无关，故又叫铁芯损耗或固定损耗
空载电流 $I_0\%$	指变压器在额定电压下，二次侧空载时，一次绕组中所通过的电流。空载电流仅起励磁作用，所以又称为励磁电流。它常以电流百分数表示，即 $I_0\%=I_0/I_{N1}\times100\%$

5. 变压器运行时的注意事项

变压器作为一种昂贵、易损坏的电器设备，在其运行期间，需要注意各个方面，防止对其内部绝缘等造成不可逆的损伤。

（1）过负荷的要求。

1）有缺陷的变压器不应过负荷运行，防止缺陷恶化，造成设备事故；

2）变压器短时过负荷时，其过负荷倍数和时间按照厂家说明书或现场运行规程执行。在长时间、超倍数过负荷时，为了保证主变压器的安全，可以请示相关领导后拉停过负荷主变压器，防止主变压器因过负荷损坏后，造成更大的损失。

3）主变压器的载流附件和外部回路元件应能满足过负荷电流的运行要求，变压器的过负荷能力受负载能力最小的附件和元件的限制。

（2）运行电压要求。变压器的运行电压一般不应高于105%的运行分接电压，防止损坏分接开关。

（3）运行温度要求。变压器运行温度要求见表1－9。

表1－9　　变压器运行温度要求　　℃

冷却方式	冷却介质最高温度	长期运行的上层油温	最高上层油温度
自然循环冷却、风冷	40（空气）	85	95
强迫油循环风冷	40（空气）	75	85
强迫油循环水冷	40（冷却水气）	—	70

（4）冷却装置的运行要求。

1）不允许运行中的强迫油循环变压器冷却器全停，以免热量聚集在绕组内部，损坏变压器。当发生冷却器全停后，允许变压器在额定负荷下运行20min。当油面温度尚未达到75℃时，允许上升到75℃，但最长运行时间不得超过1h。

2）具有多种冷却方式的变压器应按照厂家的相关规定执行。

3）冷却器在丧失了部分冷却功能后，主变压器所带负荷及运行时间应按厂家的相关规定执行。

（5）两台变压器并列运行的条件。

1）联结组标号（结线组别）相同。

2）电压比（变比）相等（允许差值不超过5%）。

3）短路阻抗（阻抗电压）相等（允许差值不超过10%）。

4）容量比不超过3倍。

当变比不等或短路阻抗不等的变压器并列运行时，每台变压器并列运行绕组的环流应满足制造厂商的要求。短路阻抗不同的变压器，可以通过适当提高短路阻抗大的变压器的二次电压，使并列运行变压器的容量可以得到充分利用。

6. 变压器操作的注意事项

（1）停复役前的要求。

1）工作结束，对变压器进行复役操作前，应核对变压器非电量保护、差动保护、后备保护均投入，各保护功能及出口压板位置均满足运行要求。

2）当变压器中低压侧与其他电源有并列运行或合环操作时，应校核相位。

（2）停复役。

1）首先必须确定合理的送电端，一般情况下，应遥控变压器高压侧断路器，由高压侧充电，低压侧并列。停电时，应遥控变压器低压侧断路器，由低压侧解列，再由高压侧停电。

2）复役过程中，若发生变压器保护动作跳闸，应立即对变压器进行检查，查明动作原因。若保护动作系一次设备绝缘损坏或击穿造成，则禁止对变压器进行遥控送电，若变压器无异常，则有可能是二次回路故障，可对变压器进行再次遥控送电，并观察试送后有无异常现象。

3）在110kV及以上中性点直接接地系统中，对变压器进行停复役操作过程中，必须保持变压器中性点直接接地运行。变压器恢复运行后，再按正常运行方式考虑其中性点接地方式。

（3）停复役操作顺序。

图1-3　变压器复役操作顺序

变压器停役操作顺序与图1-3所示操作顺序相反。倒换变压器时，应检查并入的变压器确已带上负荷后才允许拉开停用的变压器，并应注意相应改变继电保护、消弧线圈和中性点接地方式。

1.2.4　母线

母线又叫汇流排，通常由铜、铝或钢制成，是发电厂和变电站中汇集、分配和传送电能的导体，是构成电气主接线的主要设备，如图 1-4 所示。

图 1-4 母线

1. 母线的分类

（1）母线按外形和结构大致分为硬母线、软母线和封闭母线 3 类。

1）硬母线按其形状不同又可分为矩形母线、管形母线、槽形母线和菱形母线等。

a. 矩形母线是最常用的母线，也称母线排。按其材质又有铝母线和铜母线之分。矩形母线的优点是施工安装方便，运行中变化小，载流量大，但造价较高。

b. 管形母线通常和插销刀闸配合使用。目前采用的多为钢管母线，施工方便，但截流容量甚小。铝管虽然截流容量大，但施工工艺难度较大，目前很少采用。

c. 槽形母线和菱形母线均使用在大电流的母线桥及对热、动稳定要求较高的配电场合。

2）软母线包括铝绞线、铜绞线、钢芯铝绞线、扩径空心导线等，其多用于室外。室外空间大，导线间距离宽，导线有所摆动也不致造成线间距离不够，而且散热效果好。软母线截面是圆的，容易弯曲，制作方便，施工方便，造价也较低。常用的是铝绞线（由很多铝丝缠绕而成），有的为了加大强度，采用钢芯铝绞线。

3）封闭母线包括共箱母线、分相母线等，其广泛用于发电厂、变电站、工业和民用电源的引线。由于母线封闭在外壳内，不受环境和污秽影响，可有效防止相间短路和消除外界潮气、灰尘引起的接地故障。外壳采用铝板制成，防腐性能良好，并且避免了钢制外壳所引起的附加涡流损耗。外壳电气上全部连通并多点接地，防止了人身触电危险，并且不需设置网栏简化了对土建的要求，同时安装维护工作量也相应减少了。其缺点主要是由于环流和涡流的存在，外壳将产生损耗；有色金属消耗量大；母线散热条件差。

(2) 按使用材料分为铜母线、铝母线和钢母线。

1) 铜母线：铜的电阻率低，机械强度高，抗腐蚀性强，是很好的母线材料。但铜较贵重，所以一般只用在含腐蚀性气体或有强烈振动的地区，如靠近化工厂或海岸的地区。

2) 铝母线：电阻率为铜的1.7～2倍，而质量只有铜的30%，所以在长度和电阻相同的情况下，铝母线的质量仅为铜母线的一半，且铝母线价格较低。因此，目前我国在屋内和屋外配电装置中一般都采用铝母线。

3) 钢母线：优点是机械强度高，价格便宜。缺点是电阻率很大，为铜的6～8倍，用于交流时会产生很强的集肤效应，并造成很大的磁滞损耗和涡流损耗。因此，钢母线仅用于高压小容量电路（如电压互感器回路以及小容量厂用、站用变压器的高压侧）、工作电流不大于200A的低压电路、直流电路以及接地装置回路中。

(3) 按截面形状分为矩形截面、圆形截面、管形截面、槽形截面母线，如图1-5所示。

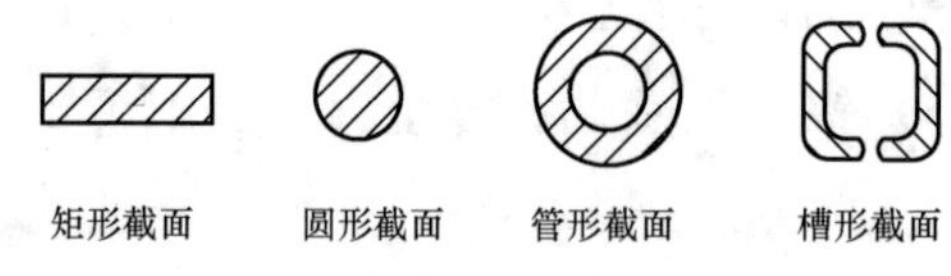

图1-5　母线截面形状

1) 矩形截面母线：具有散热条件好、集肤效应小、安装简单、连接方便等优点，常用在35kV及以下的屋内配电装置中。当工作电流超过最大截面的单条母线的允许电流时，每相可用两条或三条矩形母线固定在支持绝缘子上，每条间的距离应等于一条的厚度，以保证良好的散热。

2) 圆形截面母线：因为圆形截面不存在电场集中的场所，在35kV以上的户外配电装置中，为了防止产生电晕，大多采用圆形截面母线。

3) 管形截面母线：管形截面母线是空心导体，集肤效应小，且电晕放电电压高。在 35kV 以上的户外配电装置中多采用管形截面母线。

4）槽形截面母线：槽形截面母线的电流分布均匀，与同截面的矩形母线相比，具有集肤效应小、冷却条件好、金属材料利用率高、机械强度高等优点。当母线的工作电流很大，每相需要三条以上的矩形母线才能满足要求时，一般采用槽形截面母线。

5）根据极性和相位，母线分别着有以下颜色：

a. 直流装置：正极—红色；负极—蓝色。

b. 交流装置：A 相—黄色；B 相—绿色；C 相—红色。

母线着色的目的：

1）提高母线表面的散热系数，增加热辐射能力，改善母线的冷却条件。

2）便于识别交流相序和直流极性；

3）防止钢母线生锈，延长母线的使用寿命。

2. 母线接线方式

母线接线方式如图 1－6 所示，各种接线方式的优缺点见表 1－10。

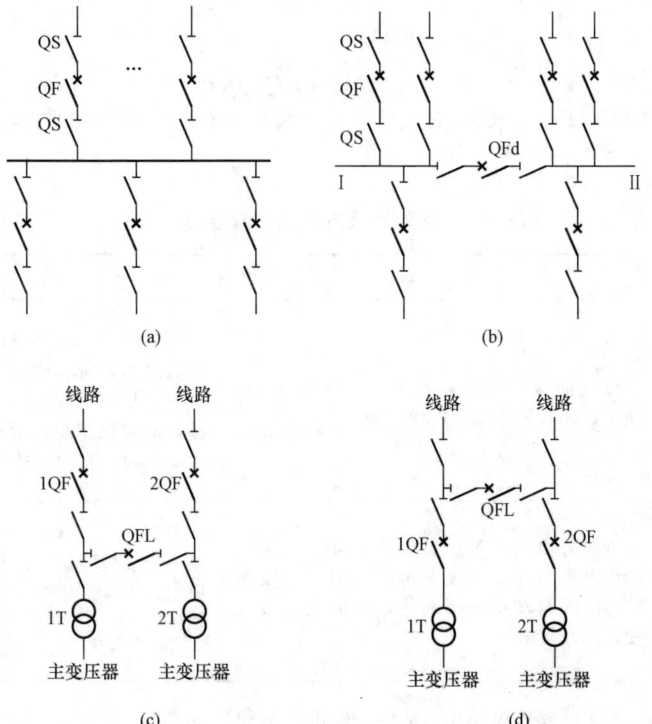

图 1－6 母线接线方式（一）

(a) 单母线接线；(b) 单母分段接线；(c) 内桥接线；(d) 外桥接线

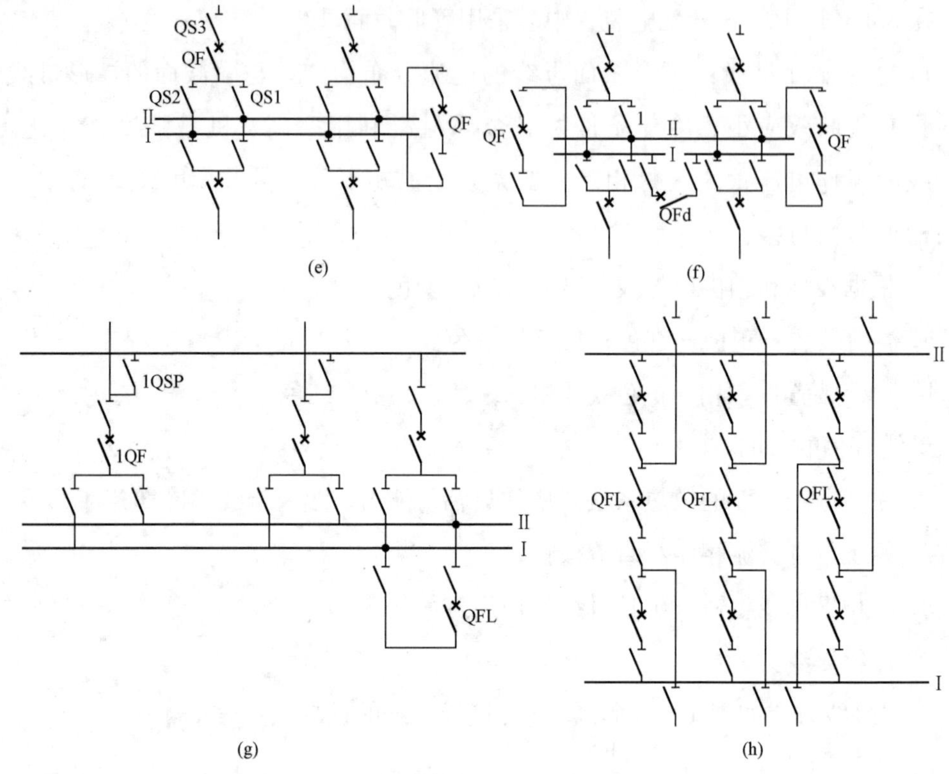

图 1-6　母线接线方式（二）

（e）双母接线；（f）双母分段接线；（g）双母带旁母接线；（h）3/2 断路器接线

表 1-10　　各种接线方式的优缺点

接线方式	优　　点	缺　　点
单母线接线	接线简单、清晰，设备少，操作方便，便于扩建和采用成套配电装置	可靠性差，母线或母线隔离开关检修或故障时，所有回路都要停止工作，即造成全厂或全站长期停电；调度不方便，电能只能并列运行，并且线路侧发生短路时，有较大的短路电流
单母线分段接线	母线分段后，对重要用户，可以从不同段供电。当一段母线发生故障时，分段断路器能够自动将故障切除，保证正常段母线不间断供电	当母线故障时，该母线上的回路都要停电，而且扩建时需要向两个方向均衡扩建
内桥接线	便于线路投停操作，适用于输电线路较长、线路故障率较高、穿越功率小和变压器不需要经常切换的情况	若变压器停役，则线路也必须短时退出运行，增加了线路的操作

续表

接线方式	优　点	缺　点
外桥接线	便于主变压器停役操作，适用于线路较短、故障率较低、变压器经常停役以及穿越功率较大的情况	若线路停役，则变压器也必须短时退出运行，增加了变压器的操作
双母线接线	供电可靠，调度灵活，设计、扩建方便，便于异常及事故处理	增加了一组母线，每一回路增加一组母线隔离开关，增加了投资且配电装置结构复杂，占地面积增加，倒闸操作复杂
双母分段接线	具有双母接线的所有优点，比双母接线有更高的可靠性与灵活性	电气设备投资大，其他缺点同双母线接线
双母线带旁路	增加供电可靠性，运行操作方便；避免检修断路器时造成的停电，不影响双母线的正常运行	多装了一台断路器，增加了投资和占地面积，断路器整定复杂，容易造成误操作
3/2 断路器接线	具有较高的供电可靠性和运行灵活性，操作检修方便	使用设备较多，特别是断路器和电流互感器，投资较大；二次控制接线和继电保护都比较复杂，限制短路电流困难

3. 母线操作注意事项

(1) 母线充电前，应考虑若充电母线故障跳闸后，系统是否可能失稳，必要时可先降低有关线路的有功潮流。必须用隔离开关向母线充电时，要先检查和确认母线绝缘正常。

(2) 用变压器向 220、110kV 母线充电时，变压器中性点必须接地。

(3) 向母线充电时，应注意防止出现铁磁谐振或因母线三相对地电容不平衡而产生的过电压。

(4) 进行倒母线操作时，应注意：

1) 母联断路器应改非自动；

2) 母线差动保护不得停用并应做好相应调整；

3) 各组母线上电源与负荷分布的合理性；

4) 一次接线与电压互感器二次负荷是否对应；

5) 一次接线与母线差动保护的二次交直流回路是否对应；

6) 双母线中停用一组母线，在倒母线后，应先拉开空出母线上电压互感器二次侧开关，再拉开母联断路器（现场规程有要求者除外，但事先必须书面向省调办理备案手续）。

1.2.5 断路器

图 1-7 断路器外观

当用开关电器断开电流时，如果电路电压不低于10～20V，电流不小于 80～100mA，电器的触头间会产生电弧。对于高压电路，电弧的燃烧更为强烈，因而需要具有灭弧能力的断路器作为闭合、分断正常及故障电流的开关器件，断路器外观如图 1-7 所示，其作用为：

1）闭合、切除高压电路中的空载电流；

2）闭合、切除高压电路中的负荷电流；

3）系统发生故障时，与保护装置配合，迅速切断故障电流。

1. 断路器灭弧原理

断路器开断高压有载电路时之所以产生电弧，原因在于触头本身及其周围的介质中含有大量可被游离的电子。当分断的触头间存在足够大的外施电压，且电路电流达到最小生弧电流时，会因强烈的游离而产生电弧。

工业配电系统主要是交流系统，所以电弧也主要是交流电弧，其性质是半个周期要经过零值一次，而电流过零时，电弧要暂时熄灭。因此，大多数交流开关电器的灭弧方法中，都利用了交流电流过零时电弧暂时熄灭这一特性。

（1）吹弧灭弧法。利用外力（如气流、油流或电磁力）来吹动电弧，使电弧加速冷却，同时拉长电弧，降低电弧中的电场强度，加速电弧的熄灭，按吹弧的方向来分，有纵吹、横吹和带隔板的横吹 3 种，如图 1-8 所示。

当迅速拉开刀开关时，不仅迅速拉长了电弧，同时使本身回路电流产生的电动力作用于电弧，吹动电弧，使其拉长电弧直到电弧熄灭。如果断路器利用专门吹弧线圈来吹动电弧，使电弧移动，电弧移动的力实际上是电弧电流在线圈磁场中产生的电动力。有的断路器是利用铁磁物质（钢片等）来吸动电弧的。

（2）速拉灭弧法。交流电流经过零值的瞬间，拉大触头间距离，当触头间所加电压不足以击穿其间距时，电弧就不会重新点燃。触头的分离速度越快，电弧熄灭就越快，通常在高压断路器中装设强力跳脱弹簧来加快触头分开的速度。

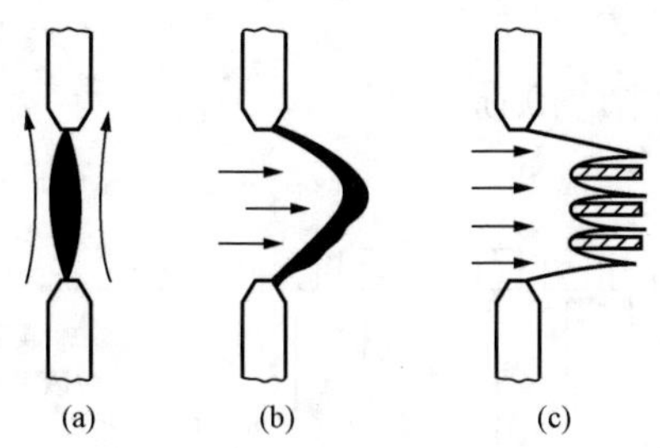

图 1-8 吹弧方向

(a) 纵吹；(b) 横吹；(c) 带隔板的横吹

(3) 冷却灭弧法。降低电弧的温度，使正负离子的复合增强，有助于电弧迅速熄灭，这是一种基本的灭弧方法。

(4) 短弧灭弧法。利用金属片将长弧切成若干短弧，则电弧上的压降将近似地增大若干倍。当外施电压小于电弧上的压降时，电弧不能维持而迅速熄灭。通常采用钢灭弧栅，让电弧进入钢片，一是利用了电动力吹弧，二是利用了铁磁吸弧，同时钢片对电弧还有冷却作用。

(5) 狭缝灭弧法。电弧在固体介质所形成的窄沟内燃烧，将电弧冷却，同时电弧在狭缝窄沟中燃烧，压力增大，有利于电弧的熄灭。在熔管内充填石英砂，或是采用耐弧的绝缘材料（陶瓷类）制成灭弧栅，均是利用了这种灭弧原理。

(6) 真空灭弧法。真空具有较高的绝缘强度，如果将断路器触头置于真空容器中，则在电流过零时，即能熄灭电弧。为防止产生过电压，触头分开时，电流不应突变为零。一般应在触头间产生少量金属蒸汽，形成电弧通道。在交流电流自然下降过零前后，这些等离子态的金属蒸汽便在真空中迅速飞散而熄灭电弧。

2. 断路器的类型

断路器类型见表 1-11。

表 1-11　断路器类型

分类方法	断路器类型
灭弧介质	油断路器、压缩空气断路器、SF_6 断路器、真空断路器
装设地点	户外式、户内式
断路器的总体结构和其对地的绝缘方式	绝缘子支持型、接地金属箱型
在电力系统中的工作位置	发电机断路器、输电断路器、配电断路器
SF_6 高压断路器的灭弧室结构特点	定开距型、变开距型
断路器所用操作能源能量形式	手动机构、直流电磁机构、弹簧机构、液匪机构、液压弹簧机构、气动机构、电动操动机构

3. 断路器的型号及参数

(1) 断路器的型号如图 1-9 所示。

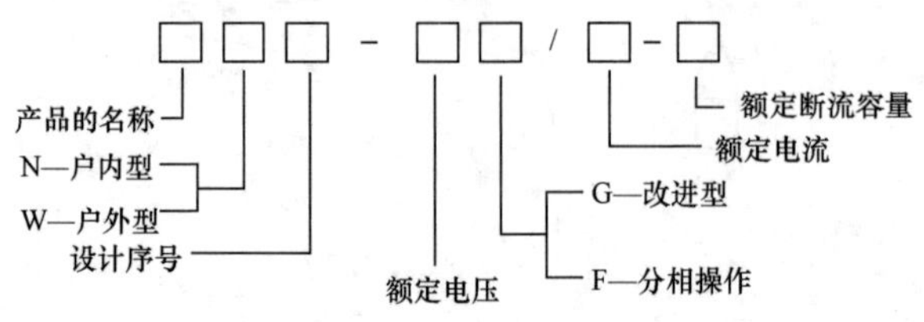

图 1-9 断路器的型号

产品名称用字母表示，其中：S 表示少油断路器；D 表示多油断路器；K 表示空气断路器；L 表示 SF_6 断路器；Z 表示真空断路器；Q 表示产气断路器；C 表示磁吹断路器。

例如，型号为 SN4-20G/8000-3000 的断路器，其含义为少油断路器、户内式、设计序号为 4、额定电压为 20kV、改进型、额定电流为 8000A、额定断流容量为 3000MVA。

(2) 断路器的主要参数及含义见表 1-12。

表 1-12　断路器的主要参数及含义

主要参数	含　义
额定电压（kV）	指断路器正常工作时，系统的额定（线）电压。这是断路器的标称电压，断路器应能保持在这一电压的电力系统中使用，最高工作电压可超过额定电压 15%
额定电流（kA）	指断路器在规定使用和性能条件下可以长期通过的最大电流（有效值）。当额定电流长期通过高压断路器时，其发热温度不应超过国家标准中规定的数值
额定（短路）开断电流（kA）	指在额定电压下，断路器能可靠切断的最大短路电流周期分量有效值，该值表示断路器的断路能力
额定峰值耐受（动稳定）电流（kA）	指在规定的使用和性能条件下，断路器在合闸位置时所能承受的额定短时耐受电流第一个半波达到的电流峰值。它反映设备受短路电流引起的电动效应能力
额定短时耐受（热稳定）电流（kA）	指在规定的使用和性能条件下，在额定短路持续时间内，断路器在合闸位置时所能承载的电流有效值。它反应设备经受短路电流引起的热效应能力

续表

主要参数	含　义
额定短路关合电流（kA）	指在规定的使用和性能条件下，断路器保证正常关合的最大预期峰值电流
分闸时间（ms）	指从接到分闸指令开始到所有极弧触头都分离瞬间的时间间隔
开断时间（ms）	指断路器从分闸线圈通电（发布分闸命令）起至三相电弧完全熄灭止的时间。开断时间为分闸时间和电弧燃烧时间（燃弧时间）之和
合闸时间（ms）	指从合闸命令开始到最后一极弧触头接触瞬间的时间间隔
金属短接时间（ms）	指断路器在合闸操作时从动、静触头刚接触到刚分离时的一段时间。这个时间如果太长，则当重合于永久故障时持续时间长，对电网稳定不利；如果太短，会影响断路器灭弧室断口间的介质恢复，而导致不能可靠地开断
分（合）闸不同期时间（ms）	指断路器各相间或同相各断口间分（合）的最大差异时间
额定充气压力（MPa）	指标准大气压下设备运行前或补气时要求充入气体的压力
相对漏气率	指设备（隔室）在额定充气压力下，在一定时间间隔内测定的漏气量与总气量之比，以年漏百分率表示
无电流间隔时间（ms）	指由断路器各相中的电弧完全熄灭到任意相再次同过电流所用时间

4. 断路器操作注意事项

（1）正常状态下的操作要求：

1）新装或大修后的断路器，投运前必须验收合格才能施加运行电压。

2）断路器的分、合闸指示器应指示正确，且与当时实际运行相符。

3）断路器接线板的连接处或其他必要的地方应有监视运行温度的措施，如示温蜡片等。

4）断路器金属外壳接地良好且有明显的接地标志，接地体的截面积符合相关规程要求。

5）油断路器的油色应正常，油位应在油位指示器的上、下限油位监视线中，绝缘油牌号和性能应满足当地最低气温的要求，油质合格。

6）为监视 SF_6 断路器的气体压力，应装设密度继电器或压力表，并附压力表和压力温度关系曲线，还应有 SF_6 气体补气接口。

7）真空断路器应配有限制操作过电压的保护装置。

(2) 故障状态下的操作要求：

1) 运行时，由于某种原因造成油断路器严重缺油、SF_6 断路器气体压力异常（如突然降至零等）时，严禁对断路器进行停、送电操作，应立即断开故障断路器的控制电源，及时采取措施，将故障断路器退出运行。

2) 分相操作的断路器发生非全相合闸时，应立即将已合上相拉开，重新操作合闸一次，如仍不正常，则应拉开合上相后汇报，由上级派员处理。当发生非全相分闸时，应立即拉开故障断路器控制电源，手动操作将拒动相分闸。

3) 严禁将有拒跳或合闸不可靠的断路器投入运行。

1.2.6 隔离开关

隔离开关是一种高压开关设备，其结构如图 1-10 所示。它没有专门的灭弧装置，因此不能用来拉合负荷电流与短路电流。其具体作用如下：

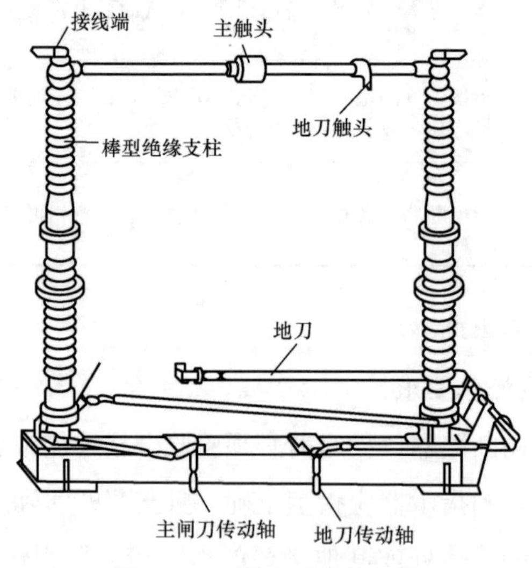

图 1-10 隔离开关的结构

(1) 分闸后，建立可靠的绝缘间隙，将需要检修的设备或线路与电源用一个明显断开点隔开，以保证检修人员和设备的安全。

(2) 根据运行需要，换接线路。

(3) 可用来分、合线路中的小电流，如套管、母线、连接头、短电缆的充电电流，断路器均压电容的电容电流，双母线换接时的环流以及电压互感器的励磁电流等。

(4) 根据不同结构类型的具体情况，可分、合一定容量变压器的空载励磁电流。

1. 隔离开关的分类

(1) 按安装地点分为屋内型和屋外型。

(2) 按绝缘支柱数目分为单立柱式、双立柱式和三柱式。

(3) 按用途分为输配电用、发电机引出线用、变压器中性点接地用和快分用。

(4) 按断口两侧闭市接地刀情况分为单接地、双接地和不接地。

(5) 按触头运动方式分为水平旋转式、垂直旋转式、摆动式和插入式。

(6) 按现用操动机构分为手动、电动和气动操作等。

(7) 按极数分为单极和三极。

2. 隔离开关的型号及参数

隔离开关的型号由字母及数字组成，如图 1－11 所示。其主要技术参数及含义见表 1－13。

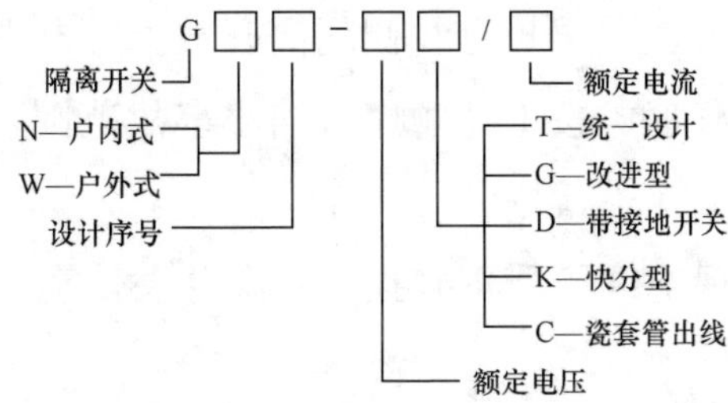

图 1－11 隔离开关的型号

表 1－13　　隔离开关的主要技术参数及含义

主要技术参数	含　　义
额定电压（kV）	隔离开关能承受的正常工作线电压
最高工作电压（kV）	由于电网电压的波动，隔离开关所能承受的超过额定电压的电压
额定电流（A）	隔离开关可以长期通过的工作电流。隔离开关长期通过额定电流时，其各部分的发热温度不超过允许值
额定短路耐受电流（A）	隔离开关在某规定的时间段内，允许通过的最大电流
额定动稳定电流（峰值耐受电流）（A）	隔离开关在闭合位置时，所能通过的最大短路电流
额定短时工频耐受电压（A）	按规定的条件和时间（通常不超过 1min）进行试验时，隔离开关耐受的工频正弦电压有效值

续表

主要技术参数	含　　义
额定雷电冲击耐受电压（峰值）（A）	隔离开关的绝缘在试验中应能承受的雷电冲击电压限定峰值
额定操作冲击耐受电压（峰值）（kV）	隔离开关的绝缘在试验中应能承受的操作冲击电压限定峰值
开合小电流能力（A）	隔离开关开合容性或感性电流的能力

例如，型号为GN6－10T/400的隔离开关，其含义为户内式、设计序号为6、统一设计、额定电压为10kV、额定电流为400A。

3. 隔离开关的操作注意事项

(1) 在操作隔离开关时，应先检查相应回路的断路器确实在断开位置，以防止带负荷拉、合隔离开关。

(2) 线路停、送电时，必须按顺序拉、合隔离开关。停电操作时，必须先拉断路器，后拉线路侧隔离开关，再拉母线侧隔离开关。送电操作顺序与停电顺序相反。这是因为发生误操作时，按上述顺序可缩小事故范围，避免人为使事故扩大到母线。

(3) 操作中，如发现绝缘子严重破损、隔离开关传动杆严重损坏等严重缺陷时，不得进行操作。

(4) 隔离开关操作时，应有值班人员在现场逐相检查其分/合闸位置、同期情况、触头接触深度等项目，确保隔离开关动作正确、位置正确。

(5) 隔离开关一般应在主控室进行操作。当远控电气操作失灵时，可在现场就地进行手动或电动操作，但必须征得站长或技术负责人的许可，并在有现场监督的情况下进行。

(6) 隔离开关、接地开关和断路器之间安装有防止误操作的电气、电磁和机构闭锁装置。倒闸操作时，一定要按顺序进行。如果闭锁装置失灵或隔离开关和接地开关不能正常操作时，必须严格按闭锁要求的条件检查相应断路器、隔离开关的位置状态，只有核对无误后，才能解除闭锁进行操作。

1.2.7 互感器

互感器的工作原理与普通变压器相似，其主要功能是按比例将一次系统的高电压、大电流变换成标准的低电压、小电流。在技术方面，互感器使二次系统对

一次系统的测量和保护成为可能，易实现自动化和远动化；在经济性方面，互感器采用低电压，小截面的电缆，屏内布线简单，安装调试方便，降低了造价，同时使二次测量仪表和继电器标准化、小型化，结构轻巧；在安全方面，一次系统发生短路时，能够保护测量仪表和继电器免受大电流的损害，还实现了仪表、继电器等二次设备与一次设备的隔离，保证了人身和设备的安全。

电流互感器 TA 的一次绕组串联于被测量电路中，二次绕组与二次测量仪表和继电器的电流线圈串联连接；电压互感器 TV 的一次绕组与一次被测电力网相并联，二次绕组与二次测量仪表和继电器的电压线圈并联连接。其原理接线如图 1－12 所示。

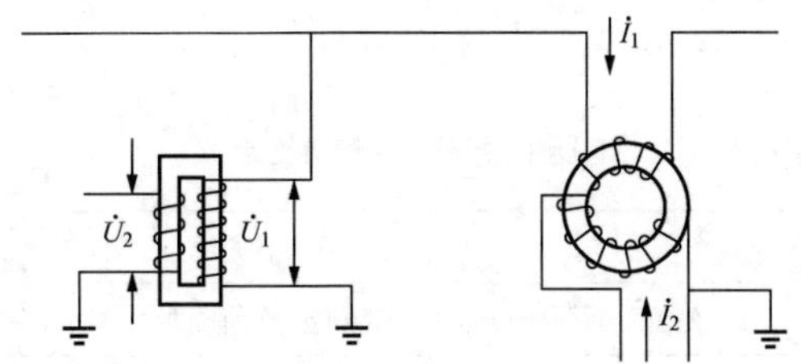

图 1－12 电压互感器和电流互感器的原理接线图

1. 电压互感器（TV）

常用的电磁式电压互感器的工作原理与普通电力变压器相同，结构原理与系统的连接也相似，但二次电压低，容量很小，只有几十伏安或几百伏安。

电压互感的一次绕组和二次绕组额定电压之比称为电压互感器的额定电压比，用 K_u 表示。若不考虑励磁损耗，则等于一、二次绕组的匝数比，即

$$K_u = U_{N1}/U_{N2} \approx N_1/N_2 = K_n$$

式中，U_{N1}、U_{N2} 为一、二次绕组的额定电压；N_1、N_2 为一、二次绕组的匝数。

（1）与普通变压器相比，电压互感器具有如下特点：

1）电压互感器的一次侧电压决定于一次电力网的电压，不受二次负载的影响。

2）正常运行时，电压互感器二次绕组近似工作在开路状态，因为电压互感器的二次负载是测量仪表、继电器的电压线圈，匝数多，电抗大，通过的电流很小，二次绕组接近于空载状态。

3）运行中的电压互感器二次侧不允许短路。当二次侧短路时，将产生很大的短路电流损坏电压互感器。为了保护二次绕组，一般在二次侧出口处安装熔断器或快速自动空气开关，用于过载和短路保护。

(2) 电压互感器的型号如图 1-13 所示。

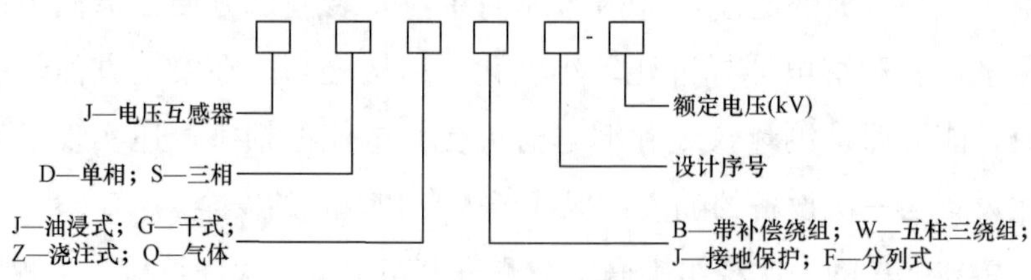

图 1-13　电压互感器的型号

例如，型号为 JDZ2-10 的电压互感器，其表示单相浇注式、设计序号为 2、额定电压为 10kV 的电压互感器。

(3) 电压互感器的参数及含义见表 1-14。

表 1-14　电压互感器的参数及含义

参　数	含　义
额定容量	二次侧为额定电压时，带额定负荷时所消耗的视在功率
额定一次电压	电压互感器性能基准的一次电压
额定二次电压	电压互感器性能基准的二次电压
额定变比	额定一次电压与额定二次电压之比
准确度等级	电压互感器本身误差的等级，包括变比误差与相角误差

其中，电压互感器的误差与二次负荷有关，因此对应于每个准确度级，都对应着一个额定容量。但一般所说的电压互感器额定容量是指最高准确度级下的额定容量。各准确度等级下，允许的最大误差见表 1-15。

表 1-15　电压互感器的准确度等级及允许的最大误差

准确度等级	最大误差	
	比差（%）	相角差（′）
0.1	±0.1	±5
0.2	±0.2	±10
0.5	±0.5	±20
1	±1	±40
3	±3	标准未定

(4) 运行注意事项。

1) 电压互感器二次回路中的工作阻抗不得太小，以免超负荷运行。

2）接入电路前，应校验电压互感器的极性。

3）接入电路后，应将二次绕组可靠接地，以防一、二次侧绝缘击穿时，高压威胁人身和设备的安全。

4）运行中的电压互感器在任何情况下都不得短路。条件允许时，其一、二次侧都应安装熔断器，并在一次侧装设隔离开关。

5）电源检修期间，应将一次侧隔离开关和一、二次侧的熔断器全部断开。

2. 电流互感器（TA）

电流互感器又称仪用变流器，它相当于短路运行的升压变压器，一次侧匝数很少，二次侧匝数很多。升压变压器将一次系统的大电流变为二次系统的小电流，二次绕组所串接的测量仪表或继电器电流线圈为低阻抗，相当于短路，所以二次电压不大。

（1）与普通变压器相比，电流互感器具有以下特点：

1）一次电流的大小决定于一次负载电流，与二次电流大小无关。

2）正常运行时，由于二次绕组的负载是测量仪表和继电器的电流线圈，阻抗很小，二次绕组近似于短路工作状态。

3）运行中的电流互感器二次回路不允许开路，否则会在开路的两端产生高电压危及人身安全，或使电流互感器发热损坏。所以，二次侧不允许安装熔断器，且二次连接导线应采用截面积不小于 2.5mm^2 的铜芯截面。运行中当需要检修、校验二次仪表时，必须先将电流互感器的二次绕组或回路短接，再进行拆卸操作。

（2）电流互感器的型号如图 1－14 所示。

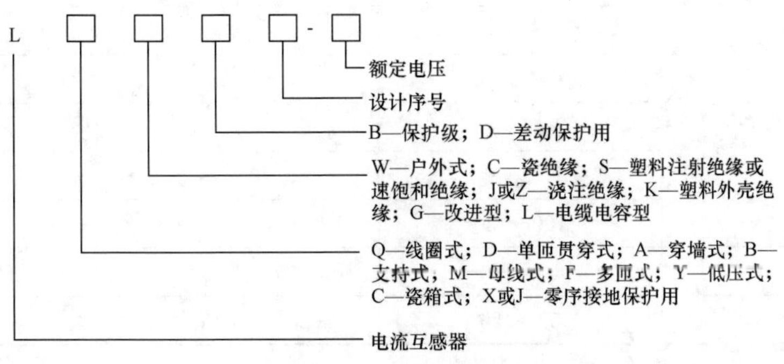

图 1－14　电流互感器的型号

例如，型号为 LCWB6－110 的电流互感器，其表示瓷绝缘、户外型、有保护级、设计序号为 6、额定电压为 110kV 的电流互感器。

(3) 电流互感器的参数及含义见表 1－16。其中，电流互感器的误差与二次负荷有关，相误差极限也不同。各准确度等级下，允许的最大误差见表1－17。

表 1－16　电流互感器的参数及含义

参　数	含　义
变比（电流比）	一次额定电流和二次额定电流之比，它约等于二次绕组匝数和一次绕组匝数之比
额定容量	电流互感器允许带的负荷功率，通常用伏安数或二次负荷的阻抗数表示
热稳定倍数	热稳定电流（1s 内不使电流互感器的发热超过允许限度的电流）与电流互感器的额定电流之比
动稳定倍数	电流互感器所能承受的最大短路电流的瞬时值与额定电流之比
比值差 $\Delta I\%$	经电流互感器二次表计测出的一次电流与实际一次电流的差值，再与实际一次电流之比的百分数
相角差	一次电流相量与转过 180°的二次电流相量之间的夹角，单位为分（′）
复合误差	二次电流瞬时值乘以 K 与一次电流瞬时值的差值，再与额定电流之比的百分数
准确度等级	表示互感器本身误差的等级，包括变比误差与相角误差

表 1－17　电流互感器的准确度等级和误差限值

准确度等级	一次电流占额定电流的百分数（%）	误差限值	
		比差值 $\Delta I\%$	相角差（′）
0.2	10	0.5	20
	20	0.35	15
	100～120	0.2	10
0.5	10	0.1	60
	20	0.75	45
	100～120	0.5	30
5P	50～120	1	60
10P	50～120	3	60

1.3　涉网二次设备

1.3.1　继电保护

1. 发电厂涉网设备继电保护配置管理

(1) 并网电厂继电保护装置应采用微机保护装置。

(2) 电厂侧并网联络线应装设进线保护，110kV并网时，应设置至少一套全线快速切除故障的纵联保护作为线路故障时的主保护，后备保护采用距离零序保护；35、10kV并网时，应采用三段式方向过电流保护，如系统有稳定要求，还应另外加装全线速切保护作为线路的主保护。

(3) 单线并网时，采用解列重合闸方式，电厂并网侧线路重合闸停用；双线并网时，电厂并网侧线路重合闸采用同期检定重合闸方式，不具备检同期条件时，采用解列重合闸方式。

(4) 电厂并网联络线须配置单独的低频低压解列装置，确保系统发生故障时能够可靠解列电源点。分别经二回线与系统并网时，宜配置两套单独的低频低压解列装置，电压分别取各自的母线电压。

(5) 对于低压小电源点集中地区（6MW及以上），为防止高压侧故障引起的电压升高，还须在110kV联络变压器的中性点加装零序电流保护（中性点不装设放电间隙时）或零序电流电压保护（中性点装设放电间隙时），在系统发生故障的同时解列电源点。

(6) 经稳定计算有稳定要求的并网电厂，其并网点母线应装设快速切除故障的母线差动保护。

(7) 经稳定计算有稳定要求的并网电厂，其并网联络线应装设失步解列装置。失步解列装置动作时应能同时跳开机组与主网的所有并网联络线路（即同时解开并网通道断面）。

(8) 出现并网联络线故障可能导致小系统高频率、高电压情况时，电厂应结合小系统和机组本身的安全需要配置高频率、高电压切机装置，特别是具有两台及以上机组的小电厂并网联络线上可考虑配置高频率、高电压切机装置。

(9) 对于发电机定子绕组及其引出线的相间短路故障，应按下列规定配置相应的保护作为发电机的主保护：

1）1MW 及以下单独运行的发电机，如中性点侧有引出线，则在中性点侧装设过电流保护；如中性点无引出线，则在发电机端装设低电压保护。

2）1MW 及以下与其他发电机或与电力系统并列运行的发电机，应在发电机机端装设电流速断保护。如电流速断保护灵敏系数不符合要求，可装设纵联差动保护；对于中性点侧没有引出线的发电机，可装设低压过电流保护。

3）1MW 以上的发电机应装设纵联差动保护。

4）对于发电机-变压器组，当发电机与变压器之间有断路器时，发电机装设单独的纵联差动保护；当发电机与变压器之间没有断路器时，100MW 及以下发电机，则只装设发电机变压器共用纵联差动保护。

5）对电磁型纵联差动保护采取措施，如用带速饱和电流互感器或具有制动特性的继电器，在穿越性短路及自同步或非同步合闸过程中，减轻不平衡电流所产生的影响，以尽量降低动作电流的整定值。

6）如纵联差动保护的动作电流整定值大于发电机的额定电流，应装设电流回路断线监视装置，断线后动作于信号。

注：本条中规定装设的过电流保护、电流速断保护、低电压保护、低压过电流保护和纵联差动保护，均应动作于停机。

（10）对于发电机定子绕组的单相接地故障，接地保护应符合以下要求：

1）对与母线直接连接的发电机，当单相接地故障电流不满足规程规定或厂家要求时，应装设有选择性的接地保护装置。

2）保护装置由装于机端的零序电流互感器和电流继电器构成，其动作电流按躲过不平衡电流和外部单相接地时发电机稳态电容电流整定。接地保护带时限动作于信号。当消弧线圈退出运行或由于其他原因使残余电流大于接地电流允许值时，应切换为动作于停机。

3）当未装接地保护或装有接地保护，但由于运行方式改变及灵敏系数不符合要求等原因不能动作时，可由单相接地监视装置动作于信号。

4）为了在发电机与系统并列前检查有无接地故障，应在发电机机端装设测量零序电压的电压表。

5）发电机-变压器组，对 100MW 以下发电机，应装设保护区不小于 90%的定子接地保护。为了检查发电机定子绕组和发电机电压回路的绝缘状况，应在发电机机端装设测量零序电压的电压表。

（11）对于发电机定子匝间短路，应按下列规定装设定子匝间短路保护：

1）对于定子绕组为星形接线，每相有并联分支且中性点有分支引出端子的发电机，应装设单继电器式横差保护。

2）横差保护应瞬时动作于停机，但汽轮发电机励磁回路一点接地后，为防止横差保护在励磁回路发生瞬间第二点接地时误动作，可将其切换为带短时限动作于停机。

3）50MW 及以上发电机，当定子绕组为星形接线，中性点只有 3 个引出端子时，根据用户和制造厂的要求，也可装设专用的匝间短路保护。

（12）对于发电机外部相间短路故障和发电机主保护的后备，应按下列规定配置相应的保护：

1）对于 1MW 及以下与其他发电机或电力系统并列运行的发电机，应装设过电流保护，保护装置宜配置在发电机的中性点侧，其动作电流按躲过最大负荷电流整定。

2）1MW 以上的发电机，宜装设复合电压（包括负序电压及线电压）启动的过电流保护。电流元件的动作电流可取 1.3～1.4 倍额定值，低电压元件接线电压，其动作电压对汽轮发电机可取 0.6 倍额定值，水轮发电机可取 0.7 倍额定值，负序电压元件的动作电压可取 0.06～0.12 倍额定值。

3）自并励（无串联变压器）发电机，宜采用低电压保持的过电流保护，或采用带电流记忆的低压过电流保护，也可采用精确工作电流足够小的低阻抗保护。

4）并联运行的发电机和发电机-变压器组的后备保护，对所连接母线的相间短路故障，应具有必要的灵敏系数。

注：本条中规定装设的各项保护装置，宜带有二段时限，以较短时限动作于缩小故障影响范围或动作于解列，以较长时限动作于停机。

（13）对于发电机定子绕组异常过电压保护，应按下列规定装设过电压保护：

1）水轮发电机的动作电压可取 1.5 倍额定电压，动作时限可取 0.5s；对于晶闸管整流励磁的水轮发电机，其动作电压可取 1.3 倍额定电压，动作时限可取 0.3s。

2）过电压保护宜动作于解列灭磁。

（14）对于由过负荷引起的发电机定子绕组过电流，应按下列规定装设定子绕组过负荷保护：

1）定子绕组非直接冷却的发电机，应装设定时限过负荷保护，保护装置接一相电流，带时限动作于信号。

2）定子绕组为直接冷却且过负荷能力较低的发电机，其过负荷保护由定时限和反时限两部分组成。定时限部分动作于信号，反时限部分动作于解列或程序跳闸。

(15) 对于发电机励磁回路的接地故障，应按下列规定装设励磁回路接地保护或接地检测装置：

1) 1MW 及以下水轮发电机，对一点接地故障，宜装设定期检测装置，1MW 及以上发电机，应装设一点接地保护装置。

2) 100MW 以下汽轮发电机，对一点接地故障，可采用定期检测装置，对两点接地故障，应装设两点接地保护装置。

3) 一个控制室内集中控制的全部发电机，共用一套一点接地定期检测装置。每台发电机装设一套一点接地保护装置。能够正常投入运行的两点接地保护装置，每台发电机装设一套。正常不投入运行，一点接地后再投入运行的两点接地保护装置，在一个控制室内集中控制的全部发电机可共用一套。

4) 一点接地保护带时限动作于信号，两点接地保护应带时限动作于停机。

(16) 100MW 以下，不允许失磁运行的发电机，当采用半导体励磁系统时，宜装设专用失磁保护。100MW 以下，但失磁对电力系统有重大影响的发电机及 100MW 及以上发电机，应装设专用的失磁保护。

(17) 对于通过 110kV 系统并网或 6MW 及以上装机容量的地区电厂，为分析事故需要，应配置具有数据记录及测距功能的故障录波装置。

2. 大用户涉网设备继电保护配置管理

(1) 10kV 及以上用户变电站继电保护装置应采用微机保护装置。

(2) 35kV 及以上用户变电站无需配置进线保护。

(3) 0.8MVA 及以上的油浸式变压器和 0.4MWA 及以上车间内油浸式变压器，均应装设瓦斯保护，当壳内故障产生轻微瓦斯或油面下降时，应瞬时动作于信号，当产生大量瓦斯时，应动作于断开变压器各侧断路器。带负荷调压的油浸式变压器的调压装置，宜装设瓦斯保护。

(4) 对于变压器引出线、套管及内部的短路故障，应按下列规定，装设相应保护作为主保护。保护瞬时动作于断开变压器的各侧断路器：

1) 6.3MVA 以下的厂用工作变压器和并列运行的变压器，以及 10MVA 以下厂用备用变压器和单独运行的变压器，当后备保护时限大于 0.5s 时，应装设电流速断保护。

2) 6.3MVA 及以上的厂用工作变压器和并列运行的变压器，10MVA 及以上厂用备用变压器和单独运行的变压器，以及 2MVA 及以上用电流速断保护灵敏性

不符合要求的变压器，应装设纵联差动保护。

(5) 纵联差动保护应符合下列要求：

1) 应能躲过励磁涌流和外部短路产生的不平衡电流。

2) 应能在变压器过励磁时不误动。

3) 差动保护范围应包括变压器套管及其引出线。

(6) 对于由外部相间短路引起的变压器过电流，应按下列规定装设相应的保护作为后备保护，保护动作后，应带时限动作于跳闸。

1) 过电流保护宜用于降压变压器，保护的整定值应考虑事故时可能出现的过负荷。

2) 复合电压（包括负序电压及线电压）启动的过电流保护，宜用于升压变压器、系统联络变压器和过电流保护不符合灵敏性要求的降压变压器。

3) 如灵敏度不能满足要求，可采用阻抗保护。

(7) 一次电压为10kV及以下，绕组为星形-星形接线，低压侧中性点接地的变压器，低压侧单相接地短路应装设下列保护之一：

1) 接在低压侧中性线上的零序电流保护。

2) 高压侧的过电流保护宜采用三相式，以提高灵敏性。

3) 保护带时限动作于跳闸。

(8) 4MVA及以上变压器，应装设过负荷保护，接单相电流，带时限动作于信号。

(9) 双电源供电的用户可根据需要装设备用电源自动投入装置。

1.3.2 防孤岛保护

分布式电源系统孤岛现象，是指分布式发电系统中，当电网供电因事故或维修停电而跳开时，各个用户端的分布式并网发电系统（如光伏发电、风力发电等）和周围的负荷所形成的一个主供电网无法掌控的自给供电孤岛发供电系统。

分布式光伏并网发电系统处于孤岛运行状态时会产生如下严重后果：

(1) 主电网无法控制孤岛系统中的电压和频率，如果分布式发电系统中的发电设备没有电压和频率的调节能力，可能出现电压和频率超出允许范围的情况，对用户的设备造成损坏。

(2) 出现孤岛系统运行时，由于局部区域的电压和频率的变化具有不确定性，将影响电力系统中的重合闸及备用电源自动投入装置的正确动作，可能会导致再次跳闸甚至损坏光伏发电系统和其他设备，不利于电力系统及时恢复区域负荷的正常供电。

(3) 与分布式并网发电系统相连的区域可能仍然带电，可能给检修人员造成危险，降低电网的安全性。可见，研究孤岛检测方法及保护措施，对降低孤岛产生的危害具有十分重要的现实意义。

目前，GB/T 19939—2005《光伏系统并网技术要求》中关于孤岛效应保护配置的要求是应设置至少一种主动和被动防孤岛效应保护。

(1) 被动防孤岛效应保护。被动防孤岛效应保护就是通过检测电网连接点处的频率、电压、相位跳变、电压谐波等电气量变化，来判断是否与主电网断开。主要包括过/欠电压反孤岛策略、过/欠频率反孤岛策略、相位跳变反孤岛策略、电压谐波检测反孤岛策略等。过/欠电压、过/欠频率反孤岛策略是最基本的配置，其他基于异常电压或频率的反孤岛方案也是依靠过/欠电压、过/欠频率保护方案来触发并网逆变器停止工作的。

(2) 主动防孤岛效应保护。主动防孤岛效应保护是通过控制分布式电源对系统施加一个外部干扰，然后监视系统的响应来判断是否形成孤岛，主要包括频率偏离、有功功率变动、无功功率变动、电流脉冲注入引起阻抗变动等。频率偏离防孤岛效应策略主要分为主动频移防孤岛效应策略、基于正反馈的主动频移防孤岛效应策略、滑模频率偏移法防孤岛效应策略。

1.3.3 安全自动装置

安全自动装置是指电力系统防止失去稳定和避免电流系统发生大面积停电的自动保护装置，如备用电源自动投入装置、低频减载装置、低压解列、低频低压解列、高频高压解列。

备用电源自动投切装置的作用是当主供电电源因供电线路故障或电源本身发生事故而停电时，自动隔离故障点，并将负荷自动、迅速切换至备用电源上，使供电不至中断，从而确保系统安全稳定运行。

常用的备用电源自动投入方式主要有两条线路互为备用方式［见图 1－15（a)］、内桥备用方式［见图 1－15（b)］、主变压器断路器备投方式［见图 1－15（c)］3 种。

(1) 低频减载装置：低频减载装置是专门监测系统频率的保护装置。当电压大于整定值、电流大于整定值时，系统负荷过重，频率下降，下降的速度（滑差）小于整定值，当频率下降到整定值时出口动作，投低频保护压板出口的开关就会

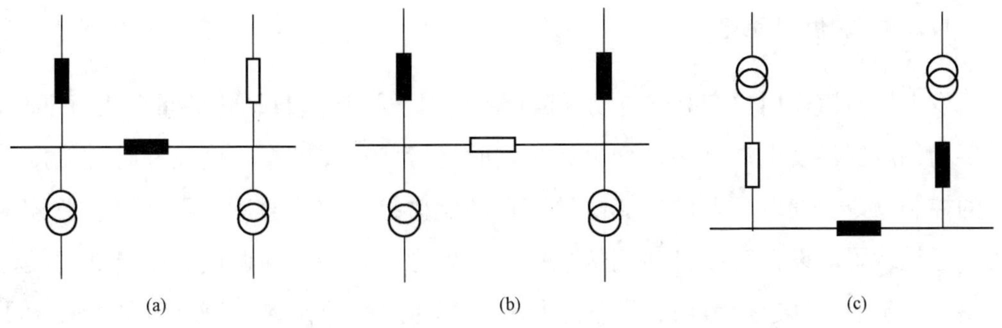

图 1-15 常用的备用电源自动投入方式

(a) 两条线路互为备用方式；(b) 内桥备用方式；(c) 主变压器断路器备投方式

—■— 一断路器闭合；—□— 一断路器断开

被跳掉，甩掉部分系统负荷，保证系统的正常运行。低频减载装置主要由低频继电器构成，当系统所需无功功率较大时，系统电压可能会先于周波崩溃，从而使频继电器失灵，此时附加一个带 0.5s 时限的低电压元件作为后备保护。

(2) 低压解列：电力系统发生故障，电压降低到发电机无法工作的程度，发电机应当与系统脱开联系，以保护发电机本身的安全，所以装设低压解列保护。

(3) 低频低压解列：为了提高供电质量，保证重要用户供电的可靠性，当系统中出现有功功率缺额引起频率、电压下降时，根据频率、电压下降的程度，自动断开一部分用户，阻止频率、电压下降，以使频率、电压迅速恢复到正常值，这种装置称为自动低频、低压减负荷装置，此时的解列点称为低频低压解列点。它不仅可以保证对重要用户的供电，而且可以避免频率、电压下降引起的系统瓦解事故。

(4) 高频高压解列：我国电力系统的额定频率为 50Hz，正常范围最大为 49.8～50.2Hz，正常情况下，电力调度部门会通过发电计划制定、自动化控制等手段实现发电功率和负载需求功率的平衡。事故情况下，通过这些手段已经不能控制这种平衡状态时，出现发电功率一直大于负载需求功率时，反应到电力参数上就是频率过高，此时就需要高频解列装置动作，跳开相应的断路器，切除部分电源或者将原本相连的电网分离成两个或多个电网，达到解除事故或缩小事故影响范围的目的。高压就是高电压，与上述情况类似，交流电有有功功率和无功功率，频率反应的是有功功率的平衡，而电压反应是无功功率的平衡。根据频率、电压上升的程度，自动断开一部分用户，阻止频率、电压上升，以使频率、电压迅速恢复到正常值，此时的解列点称为高频高压解列点。

1.3.4　调度自动化

发电厂及直供用户变电站自动化监控系统是电网调度自动化的重要组成部分，主要为调度提供发电厂（用户变电站）实时运行状态及数据，接收并处理调度下发的控制命令。发电厂（用户变电站）自动化监控系统，通过测控装置、监控主机、远动装置等设备完成自动化信息采集、处理与传输，为调度、生产部门提供完整、正确的电网运行信息和设备运行信息，为远程操作控制提供可靠的技术支撑，同时满足国家发展和改革委员会2014第14号令《电力监控系统安全防护规定》的要求。

发电厂（用户变电站）自动化监控系统采用集中式与分层分布式。集中式架构系统集中采集变电站的模拟量、开关量和脉冲量等信息，集中进行计算和处理，目前较少采用；分布式用面向间隔的分布式结构以保证各设备相互协调、独立工作，主要包括站控层设备和间隔层设备，有的还有过程层设备。站控层设备主要包括监控主机、工程师站、远动装置、公用信息管理机（智能接口装置）、工业级以太网交换机等；间隔层设备主要包括测控装置具有交直流采样、防误闭锁、同期监测等功能；过程层设备主要包括合并单元、智能组件、智能终端等。

自动化监控系统主要完成遥测、遥信、遥控和遥调过程处理与显示。遥测数据包括变电站内各个间隔的有功、无功、电流、电压、频率、温度等；遥信信息包括全站事故总信号、间隔事故总信号、继电保护动作信号、重合闸信号、开关闸刀位置信号、开关机构告警信号、二次装置告警和故障信号、交直流电源告警信号等；遥控对象包括拉合开关的单一操作、主变压器挡位升降、电容器和电抗器投切等，如自动电压控制（AVC）指令；遥调对象主要为发电机出力，如自动发电控制（AGC）指令。

远动通道由发电厂（用户变电站）端自动化和通信设备、远方调控中心侧自动化和通信设备以及通信网络构成，变电站侧远动通道由远动装置、制解调器或调度数据网设备（交换机、路由器、二次安防设备、纵向加密认证装置）构成。发电厂（用户变电站）接入地县调度自动化主站必须满足“安全分区、网络专用、横向隔离、纵向认证”防护原则，同时接受电力调度部门的审核和验收。发电厂（用户变电站）作为电力企业的重要组成部，应按照“谁主管谁负责，谁运营谁负责”的原则，建立健全安全防护管理制度，将调度自动化系统及设备的安全防护工作纳入日常安全生产管理体系，并接受调度范围内电力调度机构的技术监督。

建立健全发电厂（用户变电站）调度自动化系统及设备安全防护评估制度和应急机制，以自评估为主、检查评估为辅的方式，采取与调度机构联合防护和应急处理预案演练相结合的方式。发电厂（用户变电站）应与提供调度自动化系统及设备的开发单位、供应商签订符合电力企业要求的合同条款及保密协议，保障其调度自动化系统及设备的全生命周期管理。

发电厂（用户变电站）应配置两台采用双主模式的远动装置，接入生产控制大区（安全区Ⅰ）。发电厂（用户变电站）内部基于计算机和网络技术的业务系统，应划为生产控制大区（安全区Ⅰ/安全区Ⅱ）和管理信息大区，生产控制大区与管理信息大区之间设置经国家指定部门检测认证的电力专用单向安全隔离装置，管理信息大区内部，在不影响生产控制大区的前提下，可根据不同安全要求的实际情况划分安全区，但不同安全区禁止形成纵向交叉连接；生产控制大区内部的安全区之间应采用具有访问控制功能的设备、防火墙或相应功能的设置，实现逻辑隔离。发电厂（用户变电站）生产控制大区的业务在与其终端的纵向连接中存在无线网、电力企业其他非电力调度数据网或虚拟专用网络（VPN）进行通信的，应设立安全接入区，同样安全接入区与生产控制大区的连接处必须设置经国家指定部门检测认证的电力专用横向单向安全隔离装置。安全区边界应采取必要的安全防护措施，大区间禁止任何穿越边界的通用网络服务，生产控制大区的业务系统具备高安全性和高可靠性，禁止采用安全风险高的通用网络服务功能。发电厂（用户变电站）接入电力调度数据网，必须在物理层面上与其他网络进行安全隔离独立组网，划分为逻辑隔离的实时子网和非实时子网，分别连接控制区和非控制区。发电厂（用户变电站）生产控制大区与广域网的纵向连接应设置经国家指定部门检测认证的电力专用纵向加密认证装置或加密认证网关及相应设施，建立基于公钥技术的分布式电力调度数字证书及安全标签，生产控制大区中的重要业务系统采用认证和加密机制。发电厂（用户变电站）设备在选型及配置时，禁止选用经国家相关管理部门检测认定并经国家能源局通报存在漏洞和风险的系统及设备，对于已投入运行的系统及设备，应按照国家能源局的要求及时整改，加强相关系统及设备的运行管理和安全防护，生产控制大区中除安全接入区外，禁止选用具有无线通信功能设备。

发电厂应具备 AGC 接入的条件，AGC 系统物理上由调度主站控制系统、传输通道、电厂控制系统组成。电力系统调度主站控制系统发出指令由远动装置送至电厂控制系统或机组控制器，实现对发电机组功率控制，电厂和发电机组的有关信息反馈至主站控制系统，供分析和计算。AGC 模式有一次控制模式和二次控制模式两种。一次控制模式分定频率控制模式、定联络线功率控制模式和频率与联络线偏差控制模式三种。二次控制模式又分为时间误差校正模式和联络线累积电量误差校正模式两种。

1.3.5 电力通信

1. 电力通信的重要性

电力通信系统是电网不可缺少的重要组成部分，是电网调度自动化和管理现代化的基础，是确保电网安全、稳定、经济运行的重要手段。随着智能化电网和现代通信技术的发展，电力通信系统承载了电网继电保护和安全稳定控制系统等核心业务。电力通信与电网安全已经息息相关，突显了电力通信系统在电网安全中的重要性。现代电力通信网对电网安全稳定运行的作用主要有如下几方面：

(1) 为电网调度指挥提供高质量、高可靠性的话音通道，使电网调度员和电网运行人员能方便、准确、清晰地通过电话了解情况，下达调度命令，指挥运行操作和事故处理。

(2) 为调度自动化及实时控制系统提供信息通道，确保采集数据、稳定控制信息的快速、可靠传送。

(3) 提供高质量、高可靠性的保护传输通道，确保继电保护装置的正确动作和快速切除，改善和提高继电保护动作性能，提高电力系统稳定水平。

(4) 在电力系统事故状态下，通信系统提供的通道保证了电网安全稳定控制系统的可靠动作，防止了电力系统失去稳定性，避免了电力系统发生大面积停电的系统事故。历史上由于电力通信网故障威胁电网安全运行的事例很多，调度通信中断延误事故处理时间，甚至曾经发生因通信中断，造成电网事故扩大，电网发生稳定破坏、系统瓦解的大事故。因此，通信网的安全运行直接影响电网的安全运行，电力通信在保证电网安全稳定运行中的重要技术支撑作用意义重大。

2. 电力通信的主要方式

(1) 电力线载波通信。利用架空电力线路的相导线作为信息传输的媒介。这是电力系统特有的一种通信方式，具有高度的可靠性和经济性，且与调度管理的分布基本一致，因此它是电力系统的基本通信方式之一，也是电力系统的主要通信方式，但这种通信方式由于可用频谱的限制，不能满足全部需要。通信频率有300、600、1200bit/s。

（2）微波中断通信。这种通信方式是在视距范围内以大气为媒介进行直线传播的一种通信方式。其传输方式较稳定可靠，还具有通信容量大、噪声干扰小、通信质量高的优点，宜作通信干线。其主要缺点是一次投资大，电路传输有衰减，远距离通信需要增设中继站，当地形复杂时，选站困难。

（3）光纤通信。利用光波作为传输媒介，借助于光导纤维进行通信。光纤通信具有通信容量大、通信质量高、抗电磁干扰、抗核辐射、抗化学侵蚀、质量轻、节省有色金属等一系列优点。

（4）音频电缆（又称电力专线）。由多根相互绝缘的导体，按一定的方式绞合而成的线束，其外面包有密闭的外护套，必要时还有外护层进行保护。音频电缆是调度与近距离发电厂、变电站之间的主要通信方式。

（5）通信电源系统。通信电源在断电的情况下能保证对通信主设备进行供电，包括高频开关电源和 DC/AC－DC 两种，高频开关电源配置独立－48V 蓄电池，DC/AC－DC 利用变电站操作电源 220/110V 直流供电，通信电源系统主要利用网络通道实现对通信站点通信电源设备的监控。

2 涉网设备接入管理

2.1 接入技术条件

2.1.1 人员资格

为了加强进网作业规范管理，规范进网作业许可行为，保障供用电安全，根据《中华人民共和国电力供应与使用条例》和国家有关规定，进网作业人员应具备进网作业许可资格。

进网作业许可证是电工具有进网作业资格的有效证件。未取得电工进网作业许可证或者电工进网作业许可证未注册的人员，不得进网作业，不得在用户的受电装置或者送电装置上从事电气安装、试验、检修、运行等作业。

进网作业许可证分为低压、高压、特种三个类别。

(1) 具有低压类电工进网作业许可证的，可以从事 0.4kV 以下电压等级电气安装、检修、运行等低压作业。

(2) 具有高压类电工进网作业许可证的，可以从事所有电压等级电气安装、检修、运行等作业。

(3) 具有特种类电工进网作业许可证的，可以在受电装置或者送电装置上从事电气试验、二次安装调试、电缆作业等特种作业。

进网作业许可证相关程序要求见表 2-1。

表 2-1　进网作业许可证相关程序要求

流程环节	相关要求
申请	申请电工进网作业许可证应当具备下列条件： (1) 年满 18 周岁，且男不满 60 周岁、女不满 55 周岁； (2) 初中以上文化程度； (3) 电工进网作业许可考试成绩合格且在有效期内；

续表

流程环节	相 关 要 求
申请	(4) 身体健康，没有妨碍进网作业的疾病或者生理缺陷。 申请电工进网作业许可证应当提供下列材料： (1) 申请书； (2) 身份证复印件； (3) 1寸免冠正面彩色近照两张； (4) 电工进网作业许可考试合格通知书； (5) 学历证书复印件； (6) 二级以上医院提供的体检结果
颁证	许可机关应当自受理之日起20日内作出许可决定。作出准予许可决定的，应当自作出决定之日起10日内通知申请人，颁发许可证；作出不予许可决定的，以书面形式通知申请人，通知书中应当说明不予许可的理由，并告知申请人享有依法申请行政复议或者提起行政诉讼的权利。电工进网作业许可证应当到许可机关注册，注册有效期为3年
续期	注册有效期届满，被许可人需要继续从事进网作业的，应当在注册有效期届满前30日内向许可机关提出续期注册申请。逾期未办理续期注册手续的，视为未注册，不得从事进网作业。 注册有效期届满，被许可人中止从事进网作业，需要再从事进网作业的，应当经许可机关续期注册，方可从事进网作业。 申请续期注册，应当提供下列材料： (1) 电工进网作业许可证； (2) 被许可人的进网作业行为记录； (3) 被许可人掌握进网作业规定、学习新技术和接受事故案例教学等情况的证明材料； (4) 二级以上医院提供的体检结果。 许可机关应当自收到续期注册申请材料之日起15日内作出是否准予续期注册的决定。作出准予续期注册决定的，办理续期注册手续
注销	有下列情形之一的，许可机关应当依法办理电工进网作业许可证的注销手续： (1) 被许可人死亡的； (2) 被许可人身体状况不再适合进网作业的； (3) 电工进网作业许可被依法撤销、撤回，或者电工进网作业许可证被依法吊销的

进网作业电工应当在电工进网作业许可证确定的作业范围内从事进网作业。拟并网方有权接受调度指令的运行值班人员均需具备上岗值班资格。资格认定由相应的电网调度机构组织进行。

2.1.2 继电保护条件

1. 基本要求

发电厂及大用户应配置相应的继电保护及安全自动装置，其配置的继电保护应符合可靠性、选择性、灵敏性和速动性的要求，与电网的保护相匹配。继电保护“四性”的具体要求见表 2-2。若由于电网运行方式、装置性能等原因，不能兼顾选择性、灵敏性和速动性要求的，则应保证基本的灵敏系数要求，同时应按照如下原则：

（1）地区电网服从主系统电网；

（2）下一级电网服从上一级电网；

（3）保护电力设备安全。

表 2-2　　继电保护“四性”的具体要求

保护要求	具 体 说 明
可靠性	由配置结构合理、质量优良和技术性能能满足运行要求的继电保护装置以及符合有关规程要求的运维和管理来保证
选择性	首先由故障设备或线路本身的保护切除故障，当故障设备或线路本身的保护或断路器拒动时，才允许由相邻设备、线路的保护或断路器失灵保护切除故障。为保证选择性，对相邻设备和线路有配合要求的保护和同一保护内有配合要求的两元件，其灵敏系数及动作时间，在一般情况下应相互配合
灵敏性	电力设备的继电保护整定值应对本设备故障有规定的灵敏系数，对于远后备方式，继电保护最末一段整定值还应对相邻设备故障有规定的灵敏系数
速动性	下一级电压电网应满足上一级电压电网提出的整定时间要求

2. 并网要求

并网前，除满足工程验收和安全性评价的要求外，继电保护应满足下列要求：

（1）应统一并网界面继电保护设备调度术语，交换并网双方保护设备的命名与编号，书面明确相关保护设备的使用和投退原则；并网双方交换整定计算所需的资料、系统参数和整定限额。电网并网前应根据电网技术监督管理规定，建立继电保护技术监督机制。

（2）明确有关发电机、变压器的中性点接地方式，并按规定执行。

（3）双方以书面明确并网界面继电保护设备的整定计算、运行维护、校验和技术管理工作范围和职责的划分，并确定工作联系人和联系方式，相互交换各自制定的接口设备的继电保护运行管理规程。

（4）与双方运行有关的全部继电保护装置已经整定完毕，完成必要的联调试验，所有继电保护装置、故障录波、保护及故障信息管理系统可以与相关一次设备同步投入运行。

继电保护装置的验收应以设计图纸、设备合同和技术说明书、相关验收规定等为依据。与电网运行相关的继电保护设备应按有关继电保护及安全自动装置检验的电力行业标准及有关规程进行调试，并按该设备调度管辖部门编制的继电保护定值通知单进行整定。所有继电保护装置只有在检验和整定完毕，并经验收合格后，方具备并网试验条件。再用一次负荷电流和工作电压进行试验，并确定互感器极性、变比及其回路的正确性，确认方向、差动、距离等保护装置有关元件及接线的正确性后，继电保护装置方可投入运行。

3. 试验内容

继电保护及安全自动装置试验项目主要如下：

(1) 继电保护和安全自动装置及其二次回路的各组成部分及整组的电气性能试验；

(2) 故障录波装置的电气性能试验；

(3) 继电保护整定试验；

(4) 纵联保护双端联合试验；

(5) 保护及故障管理系统子站、主站联合调试；

(6) 保护及故障信息管理系统主站和子站间及安全稳定控制系统主站和子站间联合调试。

4. 运行管理要求

继电保护及安全自动装置的接入应严格遵守有关设备设计、运行和管理的规程、规范。电厂及大用户所属继电保护及安全自动装置的运行管理，应符合以下要求：

(1) 对所属继电保护及安全自动装置进行整定计算（电厂内属调度管辖的继电保护及安全自动装置整定值由电力调度机构下达，其他继电保护及安全自动装置整定值由电厂自行计算整定后送电力调度机构备案）和运行维护，对装置动作情况进行分析和评价。

(2) 对所属继电保护及安全自动装置进行调试并定期进行校验、维护，使其满足原定的装置技术要求，符合整定要求，并保存完整的调试报告和记录。

(3) 与电网运行有关的继电保护及安全自动装置必须与电网继电保护及安全自动装置相配合，相关设备的选型应征得电力调度机构的认可。

(4) 若继电保护及安全自动装置运行状态改变，应按电力调度机构要求及时变更所辖的继电保护及安全自动装置的整定值及运行状态。

（5）继电保护及安全自动装置动作后，须立即报告电力调度机构值班员，按规程进行分析和处理，并按要求将有关资料送电力调度机构。与电网有关的，应与其配合进行事故分析和处理。

（6）继电保护及安全自动装置误动或出现缺陷后，须立即报告电力调度机构值班员，按规程进行处理，并分析原因，及时采取防范措施。涉及电网的，应将有关情况以书面形式送电力调度机构。

5. 继电保护整定管理

继电保护整定计算的基本工作原则如下：

（1）继电保护的整定计算应遵循 DL/T 559—2007《220kV～750kV 电网继电保护装置运行整定规程》、DL/T 584—2007《3kV～110kV 电网继电保护装置运行整定规程》和 DL/T 684—2012《大型发电机变压器继电保护整定计算导则》等标准所确定的整定原则。

（2）网与网、网与厂的继电保护定值应相互协调。涉网继电保护整定范围原则上与调度管辖范围一致。

（3）电网调度与涉网单位之间继电保护整定分界点的限额由双方协调，书面确定，共同遵守。整定限额需根据电网情况的变化及时修正。

（4）涉网单位应提供涉网设备继电保护整定计算所需的设备参数和图纸资料。设备投产前三个月应提供相应的线路设计参数（分段说明导线型号、长度、架设方式和几何均距，电缆线路还应提供厂家设计阻抗值）、发电机和变压器出厂试验报告、完整的一次主接线图与继电保护图纸资料（含 CAD 图纸一份）；投产前一个月应提供现场继电保护装置版本清单与互感器变比清单；投产前两天应提供线路实测参数。

为保证选择性，对相邻设备和线路有配合要求的保护和同一保护内有配合要求的两元件，其灵敏系数及动作时间，在一般情况下应相互配合。如遇以下情况，则允许适当牺牲部分选择性：

（1）接入供电变压器的终端线路，无论是一台或多台变压器并列运行（包括多处 T 接供电变压器或供电线路），都允许线路侧的速动段保护按躲开变压器其他母线故障整定。需要时，线路速动段保护可经一短时限动作。

（2）对于串联供电线路，如果按逐级配合的原则将过分延长电源侧保护的动作时间，则可将容量较小的某些中间变电站按 T 接变电站或不配合点处理，以减少配合的级数，缩短动作时间。

(3) 双回线内部保护的配合，可按双回线主保护动作，或双回线中一回线故障时两侧零序电流（或相电流速断）保护纵续动作的条件考虑，确有困难时，允许双回线中一回线故障时，两回线的延时保护段间有不配合的情况。

(4) 在构成环网运行的线路中，允许设置预定的一个解列点或一回解列线路。

线路保护范围伸出相邻变压器其他侧母线时，可按下列顺序优先考虑保护动作时间的配合：①与变压器同电压侧指向变压器的后备保护的动作时间配合；②与变压器其他侧后备保护跳该侧总路断路器动作时间配合。

当下一级电压电网的线路保护范围伸出相邻变压器上一级电压其他侧母线时，还可按下列顺序优先考虑保护动作时间的配合：①与其他侧出线后备保护段的动作时间配合；②与其他侧出线保全线有规程规定的灵敏系数的保护段动作时间配合。

地区电网满足主网提出的整定时间要求，下一级电压电网满足上一级电压电网提出的整定时间要求。必要时，为保证主网安全和重要用户供电，应在地区电网或下一级电压电网适当的地方设置不配合点。

对于有稳定要求，不允许延时切除故障时，应快速切除故障。除少数有稳定问题和电力设备有特殊要求的线路外，线路保护动作时间的整定应以满足规程要求的选择性为主要依据，不必过分要求快速性。

当采用微机保护或高精度时间继电器时，保护的配合可以采用 0.3 s 的时间级差。断路器本身拒动时，能由电源侧上一级断路器处的继电保护动作切除故障。

躲区外故障、振荡、负荷、开口三角电压等整定，或与有关保护配合整定时，都应考虑必要的可靠系数。对于有两种不同动作原理保护的配合或有互感影响时，应选取较大的可靠系数。

2.1.3 电力通信条件

1. 并网条件

新建电厂及大用户所用通信设备，应符合国际标准、国家标准、电力行业标准和其他有关规定，通信设备选型和配置应与电网通信网协调一致，满足所接入系统的组网要求。

(1) 新建电厂通信机房至少要有一路可靠的交流电源输入，且站内连续停电时间小于 12h。

（2）通信直流电源设备应选用性能好、运行可靠的设备；通信高频开关电源整流模块应按 $N+1$ 原则配置，能可靠地自动投入、自动切换。

（3）备用蓄电池容量，应能独立维持负荷容量连续运行 24h 以上。

（4）通信机房的动力电源、设备电源、维护检修及仪表电源，必须由各分开关控制。

（5）配置必要的仪器、仪表、备品备件及工具。

（6）无 24h 值班的通信站应配置监控系统。

（7）机房必须有良好的防雷接地设施，应满足 DL 548—2012《电力系统通信站防雷运行管理规程》等有关规定，应符合防火、防盗、防潮湿、防尘、防高温、防虫鼠等安全要求。温度、湿度应满足设备运行规定的环境条件要求，机房温度为 10～30℃，湿度为 30%～80%。

2. 运行管理

（1）通信设备按经国家授权机构审定的设计要求安装、调试，经国家规定的基建程序验收合格，并接入电力通信网。

（2）新建光缆线路按图施工完成，并按要求对所有纤芯进行全程测试，测试资料报调度机构备案。

（3）具备两种不同路由的调度电话通道，并开通电信运营商长途电话。

（4）传输同一输电线路的两套继电保护信号或安全自动装置信号的两组通信设备，应分别接入两套不同的电源系统。

（5）按电网要求开通到电力调控中心的调度自动化信息、电力调度数据网等通道。

（6）电厂通信机房动力环境及通信设备运行状态应处于 24h 有人监视状态。无 24h 值班的通信站，各通信设备主告警信息应接入电厂综合监视系统，纳入电厂电气运行统一监视与管理。

（7）配备必要的通信专责人员，将人员名单和联系方式报调度机构备案，并确保 24h 联系畅通。

（8）向调度机构提供必要的图纸和技术资料。

3. 通信试验项目

（1）并（联）网新建通信电路的设备调试；

（2）并（联）网新建通信电路的系统调试；

（3）并（联）网新建通信电源系统放点和告警试验；

(4) 并（联）网所需各种通信业务通道的误码率测试和收发电平测试；

(5) 并（联）网通信设备监控系统试验；

(6) 并（联）网调度交换机调试和调度电话通话试验。

2.1.4 机组性能条件

发电机组需装设连续式自动电压调节器（AVR），其技术性能应符合国家标准 GB/T 7409（所有部分）《同步电机励磁系统》和行业标准 DL/T 583—2006《大中型水轮发电机静止整流励磁系统及装置技术条件》的要求，应有 V/Hz（过磁通）限制、低励磁限制、过励磁限制、过励磁保护和附加无功调差功能。

100MW 及以上火电、核电机组和燃气机组、50MW 及以上水电机组的励磁系统应具备电力系统稳定器（PSS）功能。PSS 的参数由电网调度机构下达，PSS 的投入和退出按调度命令执行。

1. 频率调节能力

(1) 发电机组须装设具有下级特性的调速器。

(2) 系统频率在 50.5～48.5Hz 范围内应连续保持恒定的有功功率输出，系统频率下降至 48Hz 时有功功率输出减少不超过 5%机组额定有功功率。

(3) 发电机组正常调节速率一般不小于每分钟 1%机组额定有功功率；火电机组的调峰能力应满足所在电网电源结构和负荷特性对调峰的需求，一般不小于 50%机组额定有功功率。

(4) 并网发电机组均应参加一次调频。机组一次调频基本性能指标见表 2-3。

表 2-3 机组一次调频基本性能指标

指 标	火电（燃机）机组	水电机组
死区调节	(1) 电液型汽轮机掉级控制系统的火电机组和燃机死区控制在±0.033Hz 内； (2) 机械、液压调节控制系统的火电机组和燃机死区控制在±0.10Hz 内	死区控制在±0.05Hz 内
转速不等率	4%～5%	不大于 3%
最大负荷限幅	机组额定功率的 6%	
投用范围	机组核定的功率范围	
响应行为	当电网频率变化超过机组一次调频死区时，机组应在 15s 内根据机组响应目标完全相应；在 45s 内机组实际功率与机组响应目标偏差的平均值应在机组额定有功功率的±3%内	

2. 无功调节能力

发电机需具备按照电网要求随时进相运行的能力。发电机的功率因数应能在数分钟内在设计的功率因数范围内进行调节，且调整的频度不应受到限制，100MW及以上机组在额定功率时超前功率因数应能达到0.95～0.97。额定功率100MW及以上发电机应通过进相试验确认从50%～100%额定有功功率情况下吸收无功功率的能力以及对系统电压的影响。

3. 自动发电控制（AGC）功能

200MW（新建100MW）及以上火电和燃气机组，40MW及以上非灯泡贯流式水电机组和抽水蓄能机组应具备AGC功能，参与电网闭环自动发电控制。发电机组月AGC可用率不低于90%。

1）采用直吹式制粉系统的火电机组：AGC调节速率不小于每分钟1.0%机组额定有功功率；AGC响应时间不大于60s。

2）采用中储式制粉系统的火电机组：AGC调节速率不小于每分钟2.0%机组额定有功功率；AGC响应时间不大于40s。

机组需具备执行AVC功能的能力，能根据电网调度机构下达的高压侧母线控制目标或全厂无功总功率，协调控制机组的无功功率；机组AVC装置应具备与电网调度机构调度支持系统实现联合闭环控制的功能。

4. 发电机组的非正常运行能力要求

电力系统自动低频减负荷的配置和整定应保证电力系统频率动态特性的低频持续时间小于表2-4规定的每次运行时间，并有一定裕度。

表2-4　　汽轮发电机频率异常允许运行时间

频率范围（Hz）	累计允许运行时间（min）	每次允许运行时间（s）
51.0～51.5	>30	>30
50.5～51.0	>180	>180
48.5～50.5	连续运行	
48.5～48.0	>300	>300
48.0～47.5	>60	>60
47.5～47.0	>10	>20
47.0～46.5	>2	>5

核电厂的汽轮发电机也应符合上述要求。水轮发电机频率异常运行能力应优于汽轮发电机并符合电网调度要求。

抽水蓄能机组应在水泵工况下根据电力系统频率设置低频切机保护装置，确保当电力系统频率降低时，水泵工况运行的蓄能机组能够紧急停机。此外，还应具备抽水工况直接转发运行的能力。

5. 发电机组并（联）网前调试项目

发电机并（联）网调试试验项目主要有：

（1）发电机组励磁系统、调速系统、PSS试验；

（2）发电机进相运行试验；

（3）发电机甩负荷试验；

（4）水电机组油压试验；

（5）发电机短路试验；

（6）发电机空载试验；

（7）变压器冲击试验。

2.1.5 资料的主要内容

电力系统在规划、设计与建设期，并（联）网前期及正常生产运行期等不同阶段，发电厂及大用户与电网企业之间需要交换的资料。其中并网前期须交换的资料主要有系统参数资料、继电保护所需资料、通信系统资料、自动化系统资料等。

（1）系统参数资料主要包括：

1）110kV及以上电压等级电网参数；

2）发电厂的汽轮发电机、水轮发电机、燃气轮机、核电机组、抽水蓄能机组及调相机，以及相应升压变压器及联络变压器等设备参数；

3）110kV及以上电压等级变电站的无功补偿设备参数；

4）高压直流输电设备参数；

5）接入110kV及以上电压等级的电力电子设备参数；

6）负荷构成；

7）运行方式安排；

8）继电保护、安全自动装置的配置及图纸（原理图、配置图、二次接线图）；

9）发电机通过试验确定的进相运行 $P-Q$ 曲线和调压效果的试验数据；

10）线路设计路径、杆塔等基础资料。

(2) 继电保护整定计算所需资料包括：

1) 工程所涉及的保护及故障录波装置配置图及站内 TA、TV 的配置图；

2) 各保护及故障录波装置的技术资料；

3) 设计部门完整的二次部分设计图纸；

4) 互联电网间相互提供的等值阻抗，原则上要求提供联网点处相邻一级设备的实测参数，其余部分采用等值参数；

5) 联网点处保护定值以及整定配合要求（双方将根据整定计算范围的划分，提供给对方用作设备案）；

6) 新设备投产对其他方的影响。

(3) 通信系统所需资料包括：

1) 初步设计说明、施工图、竣工图；

2) 设备详细配置材料；

3) 线路、设备和系统测试记录和测试报告；

4) 验收报告；

5) 通道组织方案、业务承载组织方案；

6) 系统和设备技术资料（包括设备的原理、技术说明和操作维护手册）。

(4) 调度自动化系统所需资料包括：

1) 厂、站远动信息表；

2) 相关系统和设备的技术资料（包括设备的原理、技术说明和维护操作手册）、相应的二次接线图和竣工图等；

3) 相关系统和设备的检验及现场测试报告；

4) 发电厂、机组与 AGC、AVC 有关的资料及现场测试报告；

5) 发电厂、机组与一次调频有关的资料及现场测试报告。

2.1.6 并网前期流程

1. 发电企业并网前期流程

发电企业及调度机构在机组投产前的相关工作流程如图 2-1 所示。

发电企业在机组首次并网调试前应完成如下工作：

(1) 发电企业应在机组预计投产前一年的 8 月 31 日前将机组启动调试计划及有关设计参数报电力调度机构，以便电力调度机构进行年度运行方式的计算和安排。

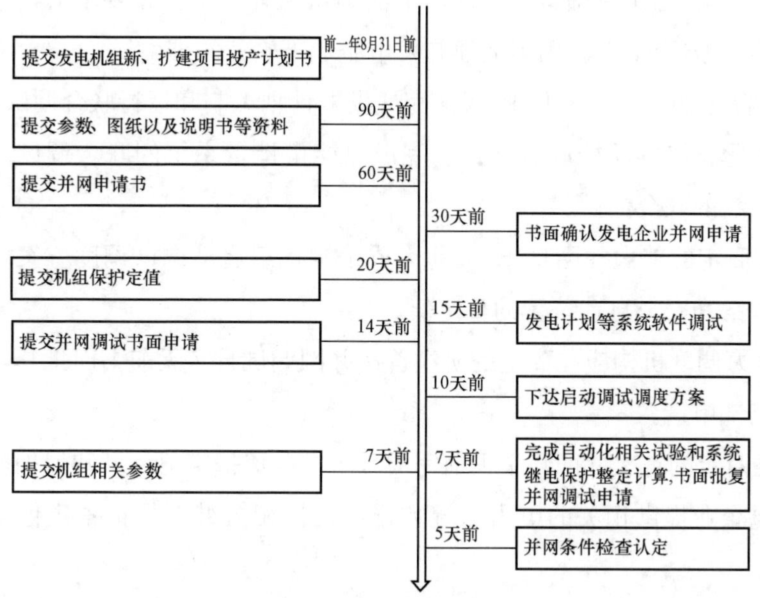

图 2-1 发电企业及调度机构在机组投产前的相关工作流程

(2) 发电企业应在机组预计首次并网日 90 天前，按要求格式向电力调度机构提供有关参数、图纸以及说明书等资料（外文资料需同时提供中文版本），以便电力调度机构开展机组并网前的工作。

(3) 发电企业应在机组预计首次并网日 60 天前，向电力调度机构提交并网申请书，并网申请书应包含本次并网设备的基本概况、并网发电企业（机组）调试方案和调试计划等内容。

(4) 发电企业机组继电保护及自动控制系统应与机组同步投运，机组涉网自动装置、继电保护的整定值应在机组首次并网日 20 天前报电力调度机构备案。

(5) 发电企业在收到电力调度机构并网申请确认通知后 15 天内，应按电力调度机构的要求提交详细的并网调试项目和调试计划，与电力调度机构商定首次并网的具体时间和程序。在确认机组具备并网条件后，发电企业在商定的机组首次并网日 14 天前向电力调度机构提交并网调试书面申请。

(6) 发电企业应在商定的机组首次并网日 7 天前提交并网机组的相关参数。

(7) 机组涉网部分验收时应邀请电力调度机构相关专业人员参与，并将验收合格报告报电力调度机构。

电力调度机构在机组首次并网调试前提供如下技术服务：

(1) 发电企业并网申请书所提供的资料符合要求的，电力调度机构应在收到并网申请书后30天内予以确认，并发出书面确认通知；不符合要求的，电力调度机构不予确认，但应于30日内书面通知发电企业不确认的理由。

（2）在商定的首次并网日15天前完成发电计划编制和运行联合调试；7天前完成调度自动化系统等功能联合调试，完成电能量计量系统的联合调试，完成实时动态监控系统的联合调试。

（3）在商定的首次并网日10天前完成编制机组启动调试调度方案，下达启动调试调度方案和安全自动装置的整定值。

（4）电力调度机构应在商定的机组首次并网调试日7天前书面批复发电企业提交的并网调试申请。

（5）在商定的首次并网日7天前完成系统继电保护定值计算和保护整定方案编制。向发电企业提供相关的电力系统数据，包括相关继电保护整定值、系统等值阻抗。

（6）电力调度机构应在商定的首次并网日5天前对机组并网条件进行检查认定，机组并网的必备条件包括：

1）发电企业已按《并网调度协议》和《购售电合同》的约定完成相关工作。

2）现场运行规程、保厂用电方案等已报电力调度机构。

3）发电企业发电机-变压器组及相关的一次设备安装调试完毕，完成分步试运行并通过验收，验收合格报告已报电力调度机构。

4）机组涉网自动装置等已经安装并完成就地调试，具备投入运行条件。

5）发电企业自动化系统已安装并完成就地调试，具备同电力调度机构自动化系统联调条件。

6）能通过调度自动化相关系统报送和接收调度生产所需信息。

7）发电企业继电保护及安全自动装置、电力调度通信设施、自动化设备已按设计安装调试完毕。

8）发电企业和电力调度机构针对发电企业并入电网后可能发生的紧急情况，已制订相应的事故处理预案。

9）发电企业已向电力调度机构提供要求的设备参数和技术资料以及发电机和主变压器（含主变压器零序阻抗参数）的实测参数、发电机-变压器组辅助设备（断路器、隔离开关、电流互感器等）的技术资料和测试报告、机组涉网自动装置实测参数等资料。

2. 电力用户并网前期工作流程

电力用户降压站并网前期工作流程如图 2－2 所示。

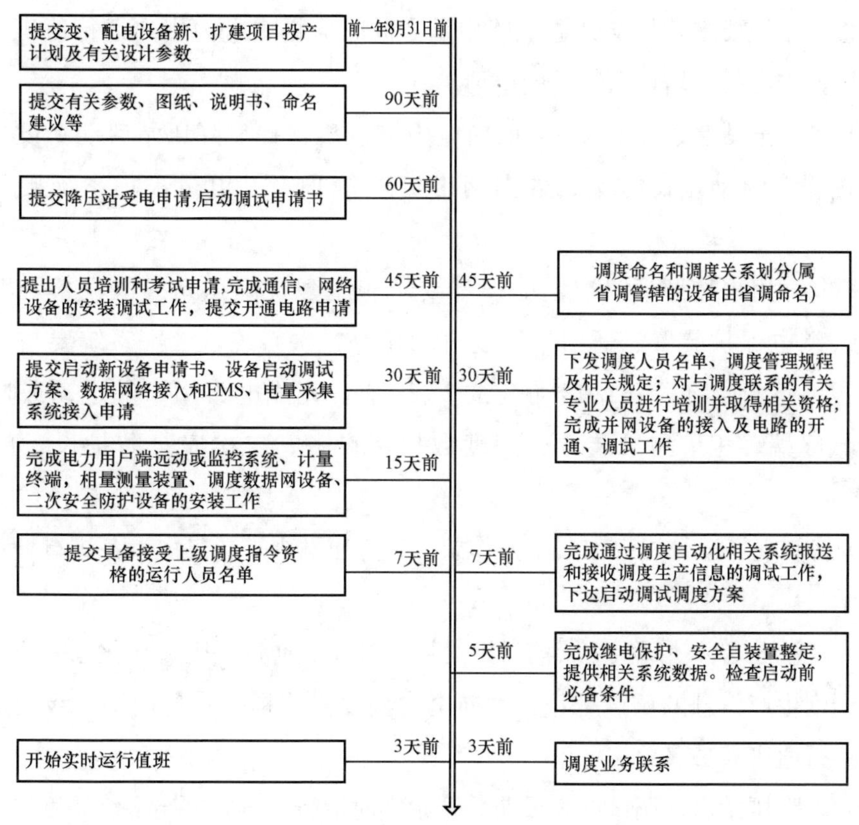

图 2－2 电力用户降压站并网前期工作流程图

电力用户在降压站并网前期应完成的工作：

(1) 电力用户应在降压站预计启动调试前一年的 8 月 31 日之前将降压站启动调试计划及有关设计参数报电力调度机构，以便电力调度机构进行年度运行方式的计算和安排。

(2) 电力用户应在降压站启动送电 90 天前按要求格式向电力调度机构提供有关参数、图纸以及说明书等资料（外文资料需同时提供中文版本），同时以正式文件（函件）向电力调度机构提交厂站名、一次设备命名建议（附电子版电气一次接线施工图），以便电力调度机构开展降压站受电前命名、系统保护整定等启动前准备工作。

(3) 电力用户应在降压站启动调试送电 60 天前，向电力调度机构提交降压站受电申请、启动调试申请书。电力用户在收到受电确认通知后 10 天内，与电力调度机构商定降压站预计启动调试的时间和有关事宜。

(4) 在降压站启动调试 45 天前完成新建通信设备、网络设备的安装调试工作，并符合接入系统要求，提交开通电路申请。同时应提出电力用户运行值班人员接受电力调控中心技术培训和考试的申请。

(5) 在降压站启动调试 30 天前向电力调度机构提交降压站启动新设备申请书、站内设备启动调试方案、数据网络接入和 EMS、电量采集系统接入书面申请。

(6) 电力用户按照通过审定的设计要求施工建设降压站一次设备及安全自动装置、继电保护装置、通信、调度自动化等二次系统，二次系统要与一次系统同步投入运行。在降压站启动调试 15 天前，完成电力用户端远动或监控系统、计量终端、相量测量装置、调度数据网设备、二次安全防护设备的安装工作。

(7) 编制现场运行规程和典型操作票，对降压站内一、二次设备进行调度双重命名标示。

(8) 在降压站启动调试 7 天前，电力用户应完成通过调度自动化相关系统报送和接收调度生产信息的调试工作，并向电力调度机构提交具备接受上级调度指令资格的运行值班人员名单。

(9) 在降压站启动调试前 3 天前，开始实时运行值班，并与上级调度进行调度业务联系。

电力调度机构在降压站启动调试前提供的技术服务：

(1) 电力调度机构应在技术服务协议签订以后向电力用户明确机组并网运行基本管理规范，包括安全管理、技术管理和运行管理的标准、制度。

(2) 收到电力用户上报的新建厂（站）建议命名文件（或函件）和电气一次接线图等资料后，在降压站启动调试 45 天前批复下达电厂调度名称，下发调度管辖范围和设备命名、编号，明确调度关系划分。

(3) 在降压站启动调试 30 天前，下发有权发布调度指令的人员名单、调度管理规程及相关规定。对与调度有关的专业人员进行培训和调度对象资格考试，考试合格者发放《调度系统运行值班合格证书》。协调相关单位完成并网通信设备的接入及电路的开通、调试工作。

(4) 在降压站启动调试 7 天前，下达降压站启动调试调度方案，完成远动或监

控系统、计量终端、相量测量装置、调度数据网设备、二次安全防护设备与调度自动化系统的调试工作。

(5) 降压站验收时应邀请电力调度机构相关专业人员参与，并将验收合格报告报电力调度机构。

(6) 在降压站启动调试5天前，完成系统继电保护、安全自动装置的整定值计算和保护定值单编制，向电力用户提供与电力用户相关的电力系统数据，包括相关继电保护整定单、继电保护整定限额、系统等值阻抗。

(7) 在降压站启动调试3天前，与电力用户运行值班员进行调度业务联系。

电力调度机构在商定的降压站启动5天前组织对投运条件进行检查认定，电力用户降压站受电的必备条件包括：

(1) 电力用户已按《并网调度协议》和《购售电合同》的约定完成相关的工作。

(2) 电力用户降压站一、二次设备须符合国家标准、电力行业标准和其他有关规定，与电网对应的设备匹配，按经国家授权机构审定的设计要求安装、调试完毕，按国家规定的基建程序验收合格；并网正常运行方式已经明确，有关参数已合理匹配，设备整定值已按照要求整定，具备并入电网运行、接受电力调度机构统一调度的条件。

(3) 电力用户运行、检修规程齐备，相关的管理制度齐全，其中涉及电网安全的部分应与电网的安全管理规定相一致。电气运行规程和紧急事故处理预案已报电力调度机构。

(4) 电力用户具备接受调度指令的运行值班人员，已全部通过相应地区电网调控规程及有关电网安全运行规定的培训。

(5) 电力用户已配备与调度有关专业相对应的联系人员，运行值班人员名单、方式、继电保护、自动化专业等联系人员名单和联系方式已报电力调度机构，已具备调度机构有权下达调度指令的人员名单、调度规程及相关规定。

(6) 电力用户已按相关要求配置调度电话、调度业务传真设备和调度语音录音系统。

(7) 能通过调度自动化相关系统报送和接收调度生产所需信息。

(8) 电力用户继电保护专业、自动化专业、电力调度通信专业满足必备的技术条件。

2.2 调度协议签署

2.2.1 通用规则

1.《并网调度协议》主要内容

《并网调度协议》是对发电企业、大用户并入电网时调度和运行行为的规范之一，主要内容是并入电网调度运行的安全和技术要求，应于并网调试前3个月签订。

《并网调度协议》的基本内容包括但不限于双方的责任和义务、调度指挥关系、调度管辖范围界定、拟并网方的技术参数、并网条件、并网申请及受理、调试期的并网调度、调度运行、调度计划、设备检修、继电保护及安全自动装置、调度自动化、电力通信、调频调压及备用、事故处理与调查、不可抗力、违约责任、提前终止、协议的生效与期限、争议的解决、并网点图示等。

2.《并网调度协议》签订步骤

(1) 发电企业按预定投产时间前3个月，提交并网管理需提供的技术资料（发电机、锅炉、汽轮机、水轮机、励磁系统（包括PSS)、调速系统（包括原理及传递函数框图)、主变压器等的技术参数，并向电力调度机构提供相应设备静态及动态整定调试试验报告。

(2) 电力调度机构负责审查发电厂提供的一次主接线图及保护图纸。

(3) 电力调度机构与发电企业确定并网点及调度管辖范围。

(4) 按能源局范本编制《并网调度协议》，签订双方或三方各执两本（正本和副本)。

(5) 电厂在与调度机构签订调度协议后，应同步与发展部电源中心签订购售电合同，用户应同步与营销部签订供用电合同。

2.2.2 风电并网

风电厂并网前应充分考虑风电机组的低电压穿越能力（亦称故障穿越能力)。低电压穿越能力是指当电网故障或扰动引起风电场并网点的电压跌落时，在规定的电压跌落范围内，风电机组和风电场能够不间断并网运行的能力。

风电场提交并网管理需提供的相关资料：

(1) 风电场内风电机组台数及容量、拟投产日期、风电场地形、地貌图及带GPS坐标的装机位置图。

(2) 与风电机组有关的技术参数及信息，包括机组型号、切入及切出风速、额定功率因数、功率调节速率、有功及无功特性曲线、机组型式检测报告、风电机组频率及电压保护等涉网保护定值。

(3) 潮流、稳定计算和继电保护整定计算所需的相关技术参数，包括风电机组模型及参数，风电场等值模型及参数，主变压器、无功补偿装置、谐波治理装置等主要设备技术规范、技术参数及实测参数（包括主变压器零序阻抗参数）。

(4) 与电网运行有关的继电保护及安全自动装置图纸（包括发电机、变压器整套保护图纸）、说明书，电力调度管辖范围内继电保护及安全自动装置的安装调试报告。

(5) 与电力企业有关的风电场调度自动化设备技术说明书、技术参数以及设备验收报告等文件，风电场远动信息表（包括电流互感器、电压互感器变比及遥测满刻度值），风电场电能计量系统竣工验收报告，风电场计算机系统安全防护有关方案和技术资料。

(6) 与电力企业通信网互联或有关的通信工程图纸、设备技术规范以及设备验收报告等文件。

(7) 动态监视系统的技术说明书和图纸。

(8) 其他与电网运行有关的主要设备技术规范、技术参数和实测参数。

(9) 现场运行规程。

(10) 电气一次接线图、机组地理分布及接线图。

(11) 机组升、降负荷的速率，风电场运行集中监控系统、并网技术支持系统的有关参数和资料。

(12) 历史气象数据，包括风速、风向、气温、气压等。

(13) 厂用电保证措施。

(14) 机组调试计划、升压站和机组启动调试方案。

(15) 风电场有调度受令权值班人员名单、上岗证书复印件及联系方式。

(16) 运行方式、继电保护、自动化、通信专业人员名单及联系方式。

2.2.3 光伏并网

光伏电站并网前应取得政府能源投资主管部门的光伏电站项目备案文件和电

网企业的光伏电站接入电网意见函。

光伏电站应具有调度自动化设施、光伏电站运行集中控制系统、并网技术支持系统、光伏发电功率预测系统、实时太阳能监测系统，且相关系统须符合国家标准、行业标准和其他有关规定，按经国家授权机构审定的设计要求安装、调试完毕，经国家规定的基建程序验收合格，并与光伏电站发电设备同步投运。

并网管理相关资料如下：

(1) 电站电池阵列数量及容量、拟投产日期、经纬度等。

(2) 与光伏电站有关的技术参数及信息，包括光伏电池组件型号、面积，逆变器的额定功率因数、功率调节速率。

(3) 潮流、稳定计算和继电保护整定计算所需的相关技术参数，包括典型光伏电池阵列模型及参数，光伏电站等值模型及参数，主变压器、集中无功补偿装置、谐波治理装置等主要设备技术规范、技术参数及实测参数（包括主变压器零序阻抗参数）。

(4) 与电网运行有关的继电保护及安全自动装置图纸（包括电池阵列、变压器整套保护图纸）、说明书，电力调度管辖范围内继电保护及安全自动装置的安装调试报告。

(5) 与电力企业有关的光伏电站调度自动化设备技术说明书、技术参数以及设备验收报告等文件，光伏电站远动信息表（包括电流互感器、电压互感器变比及遥测满刻度值），光伏电站电能计量系统竣工验收报告，光伏电站计算机系统安全防护有关方案和技术资料。

(6) 与电力企业通信网互联或有关的通信工程图纸、设备技术规范以及设备验收报告等文件。

(7) 其他与电网运行有关的主要设备技术规范、技术参数和实测参数。

(8) 现场运行规程。

(9) 电气一次接线图、光伏电池阵列地理分布及接线图。

(10) 光伏电站升、降负荷的速率，光伏电站运行集中监控系统、并网技术支持系统的有关参数和资料。

(11) 厂用电保证措施。

(12) 多年气象数据，包括辐射强度、日照时间等。

(13) 光伏电站调试计划、升压站和光伏电池阵列启动调试方案。

(14) 光伏电站有调度受令权值班人员名单、上岗证书复印件及联系方式。

（15）运行方式、继电保护、自动化、通信专业人员名单及联系方式。

2.3 新设备启动

2.3.1 启动前新设备状态

1. 一次设备预置状态

（1）线路及各侧开关冷备用状态。

（2）主变压器本体及其各侧开关冷备用，冷却装置全停。

（3）各电压等级母线均冷备用（母线电压互感器运行），母线电压互感器二次并列开关在断开位置。

（4）电容器处于隔离状态。站用变压器运行，低压侧断开，并与临时站用电可靠隔离。

2. 二次设备预置状态

（1）线路保护投跳，重合闸停用。

（2）主变压器电气量保护、本体重瓦斯、有载调压重瓦斯保护处于跳闸状态；主变压器总后备保护时限缩短。

（3）各电压等级的备用电源自动投入装置（简称备自投）均停用。

（4）其他保护均按照整定单要求投、退。

2.3.2 冲击试验

冲击试验的目的是检验设备绝缘强度是否满足电网运行要求。

1. 线路冲击试验

新建线路冲击不少于3次。架空线路每次冲击合闸后带电5min，间隔3min；有电缆的线路每次冲击合闸后带电10min，间隔3min。

线路冲击试验时保护应用的原则：

（1）对新投产线路保护，冲击时线路保护全部投跳，重合闸停用。

（2）110kV新断路器新保护线路，应用110kV母联（母分）断路器串接进行冲击试验，此时母联（母分）过流解列保护投跳（采用冲击定值短时限跳闸）。

（3）110kV老断路器新保护线路，宜用110kV母联（母分）断路器串接进行冲击试验，母联（母分）过流解列保护投跳（采用冲击定值短时限跳闸）。若仅涉及线路保护更换（电流互感器未更换），系统安排困难时可加装临时过电流保护，直接用本断路器进行冲击试验。

(4) 220kV 变电站 110kV 为单母分段接线时，可采用 220kV 主变压器 110kV 断路器直接对 110kV 新线路或新断路器设备冲击，主变压器后备保护应采用冲击定值（短时限跳闸）。

(5) 35kV 及以下老断路器新保护线路，一般直接用本断路器进行冲击试验，线路过电流保护正常投跳，重合闸停用；35kV 及以下新断路器新保护线路，宜用母线分段断路器（简称母分断路器）或主变压器中、低压断路器进行冲击试验，此时母分过流解列保护或主变压器中、低压侧后备保护宜短时限跳闸。

(6) 线路电源侧为老断路器老保护线路时，可直接用本断路器对新线路进行冲击，线路保护按正常方式投跳，重合闸停用（采用冲击定值短时限跳闸）。

(7) 有新间隔接入的母线差动保护冲击前应先改信号。

2. 主变压器冲击试验

新投产主变压器冲击 5 次，大修主变压器可冲击 3 次，第一次带电 10min，间隔 10min，以后每次带电 3min，间隔 3min。

主变压器冲击时保护的应用原则：

(1) 主变压器冲击时，主变压器电源侧应有可靠保护，保护定值应伸入主变压器各侧并有足够灵敏度。

(2) 主变压器冲击时，主变压器保护投跳，主变压器后备保护时限改短。

3. 其他设备冲击试验

新投产母线、断路器、隔离开关及电压互感器、电流互感器、站用变压器应冲击不少于一次。电容器、接地变压器应冲击不少于一次。不允许用未经冲击的断路器对其他新设备进行冲击。

2.3.3 核相试验

核相试验是为了检验设备一、二次接线的正确性。一般采用电压互感器二次侧核相方式，对启动设备进行同电源和不同电源核相。若没有条件进行二次核相，可采用开关触头两侧一次核相。

核相试验应先进行同电源核相以验证二次电压回路接线的正确性，然后进行不同电源核相以验证一次设备接线的正确性。

典型变电站核相原则如下：

(1) 当新建变电站为线路-变压器组接线时，应进行线路电压互感器与中（低）压侧母线电压互感器的同电源及不同电源核相。

(2) 当新建变电站为内桥接线时，应先进行高压侧母线电压互感器同电源及不同电源核相，然后进行高、中（低）压侧母线电压互感器核相。

(3) 当新建变电站为单线供单母线变电站时，应先验证母线电压互感器相序，然后进行高、中（低）压侧母线电压互感器电源核相。站用电有外接电源的，采用临时站用变压器、母线电压互感器二次核相。

(4) 线路核相可直接在对侧变电站与老线路核对一次相序，也可采用外接线路倒入进行一次核相。

(5) 核相试验一般可在冲击试验中进行。

2.3.4 保护带负荷试验

保护带负荷试验的目的是验证互感器极性、保护装置及整个二次回路接线，以及 TA 变比、平衡系数等整定参数设定正确性。

以下情况，相关保护应做带负荷试验：

(1) 新建间隔的保护及对应的母线差动保护。

(2) 原运行间隔电流互感器更换，或一、二次电流回路变动后对应间隔保护及母线差动保护。

(3) 原运行间隔新更换的保护。

保护带负荷试验的一般原则：

(1) 带负荷试验应安排适当的试验系统并提供一次负荷电流，负荷电流大小宜满足试验要求。如无直接送出负荷，可用电容器、电抗器负荷或用环流法提供潮流，进行保护带负荷试验。

(2) 变压器冲击结束带上负荷前，变压器保护中必须做带负荷试验的保护应改信号。带负荷试验正确后，所有保护按定值单要求恢复正常方式。

(3) 110、35kV 线路带负荷前，线路保护中需要做带负荷试验的保护应改信号。带负荷试验正确后按定值单要求投跳，重合闸按要求投、退。

(4) 35、10kV 线路若仅配置不带方向的纯电流保护，经一次通流试验合格，可以不作保护带负荷试验工作。

(5) 电容器保护、站用变压器保护等可不停保护进行带负荷试验。

(6) 安全自动装置、VQC、备自投等应安排实际系统试验。

2.3.5 案例

【案例 1】 110kV 线路-变压器组接线变电站，甲变电站为 220kV 变电站，乙变电站为 110kV 线路-变压器组接线变电站，两台双绕组主变压器，10kV 为单母分段接线，如图 2-3 所示。其启动流程及要求如下：

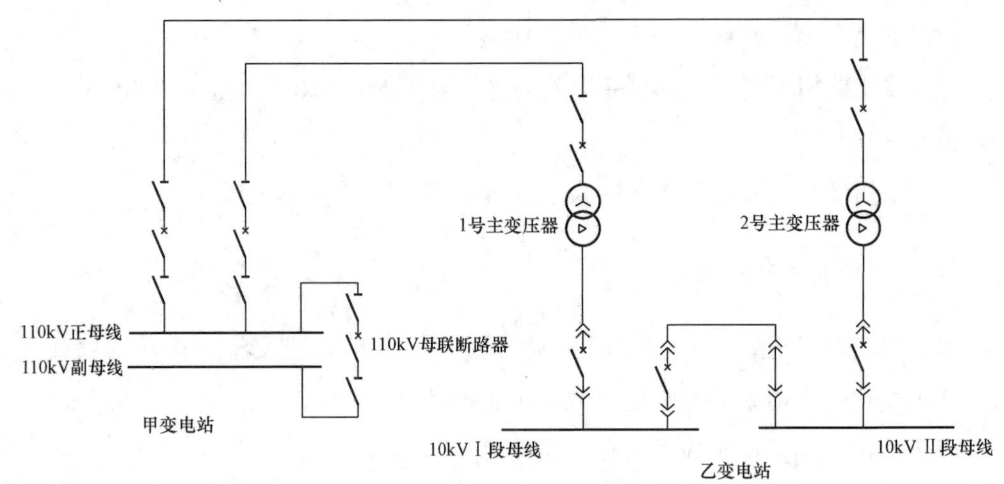

图 2-3 110kV 线路-变压器组接线变电站

(1) 利用甲变电站 110kV 母联断路器或甲变电站线路老断路器对线路及两侧 110kV 断路器冲击 3 次，带电每次 5min，间隔 3min。当利用 110kV 母联断路器进行冲击时，母联（母分）过流解列保护投跳（采用冲击定值短时限跳闸）。当利用甲变电站线路老断路器进行冲击时，可加装临时过电流保护或将原线路保护作为总后备保护，线路保护按正常方式投跳（采用冲击定值短时限跳闸），重合闸停用。

(2) 利用乙变电站线路断路器对主变压器（包括 110kVⅠ、Ⅱ段母线）轮流冲击 5 次，第一次带电 10min，间隔 10min，以后每次带电 3min，间隔 3min。先仅对主变压器进行冲击，后带主变压器 110、35kV 断路器进行冲击。

(3) 用主变压器 10kV 断路器对 10kVⅠ、Ⅱ段母线及以下设备进行冲击。

(4) 进行 10kVⅠ、Ⅱ段母线电压互感器低压侧同电源及不同电源核相试验。

(5) 进行 10kV 线路一次核相试验，正确后，线路带上负荷。若无法直接送出负荷，可采用电容器、电抗器负荷或环流法提供负荷。

(6) 带负荷试验前，停用 1、2 号主变压器差动保护及 110kV 线路保护。

(7) 待负荷达试验要求后，可进行保护带负荷试验，包括甲变电站 110kV 母线差动保护、线路保护、乙变电站主变压器差动及后备保护、10kV线路保护、电容器保护、站用变压器保护、VQC、备自投等试验。

（8）试验全部结束，保护恢复正常定值，恢复正常运行方式。

【案例2】 35kV内桥接线变电站，甲变电站为220kV变电站，乙变电站为35kV内桥接线变电站，两台双绕组主变压器，10kV为单母分段接线，如图2-4所示。

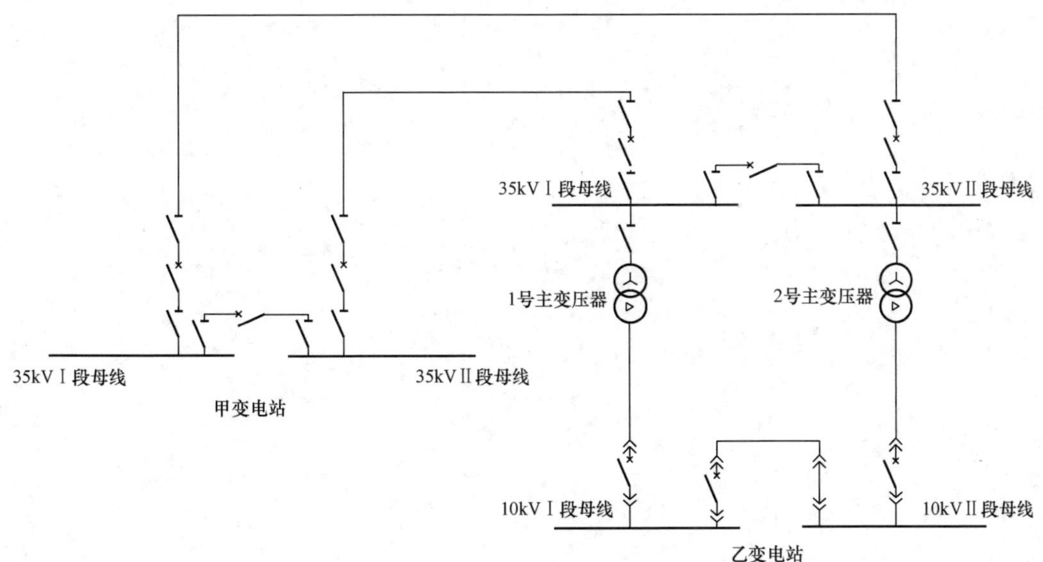

图2-4 35kV内桥接线变电站

启动冲击流程及要求：

（1）利用甲变电站35kV线路断路器对线路及乙变电站35kV线路断路器冲击3次，每次5min，间隔3min。甲变电站35kV线路断路器通常已进行冲击试验，一般直接用本断路器进行冲击试验，线路过电流保护正常投跳，重合闸停用。

（2）利用乙变电站35kV线路断路器对主变压器（包括35kVⅠ、Ⅱ段母线）轮流冲击5次，第一次带电10min，间隔10min，以后每次带电3min，间隔3min。先仅对主变压器进行冲击，后带主变压器110、35kV断路器进行冲击。

（3）进行35kVⅠ、Ⅱ段母线电压互感器同电源及不同电源核相试验。

（4）利用主变压器10kV断路器对10kV母线及以下设备进行冲击。

（5）进行10kVⅠ、Ⅱ段母线电压互感器低压侧同电源及不同电源核相。

（6）进行10kV线路一次核相试验，正确后，线路带上负荷。若无法直接送出负荷，可采用电容器、电抗器负荷或环流法提供负荷。

(7) 保护带负荷试验前，停用1、2号主变压器差动保护及35kV线路保护。

(8) 待负荷达到试验要求后，可进行保护带负荷试验，包括甲变电站35kV母线差动保护、线路保护、乙变电站主变压器差动及后备保护、10kV线路保护、电容器保护、站用变压器保护、VQC、备自投等试验。

(9) 试验全部结束，保护恢复正常定值，恢复正常运行方式。

3 涉网设备运行管理

3.1 负 荷 管 理

3.1.1 负荷预测

电力负荷预测的任务是使用电力负荷和社会、经济、气象等的历史数据，根据国家和地方社会、经济、气象等预测数据，提出对未来电力负荷的科学预测。负荷预测的准确性是保证电力系统供需平衡的基础，可为电网、电源的规划建设以及电网企业、电网使用者的经营决策提供信息和依据。电力负荷预测应包括电量预测和电力预测。

1. 电力负荷预测的分类

负荷预测分为长期、中期、短期和超短期负荷预测，由电网企业负责编制。

(1) 中、长期负荷预测包括年度、5 年和 10 年等的负荷预测。中、长期负荷预测应以年度预测为基础，按月（季）度跟踪负荷动态变化，5 年期及以上负荷预测应每年滚动修订一次。考虑到中长期负荷的不确定性，中长期负荷预测可给出各预测水平年高、中、低方案或高、低方案的年度最大负荷预测。

中、长期负荷预测应至少包括以下内容：

1) 年（月）电量；

2) 年（月）最大负荷；

3) 分地区年（月）最大负荷；

4) 典型日、周负荷曲线，月、年负荷曲线；

5) 年平均负荷率、年最小负荷率、年最大峰谷差、年最大负荷利用小时数、典型日平均负荷率和最小负荷率。

年度负荷预测应至少采用连续 3 年的数据资料，5 年及以上负荷预测应至少采用连续5年的数据资料。在进行负荷预测时应综合考虑社会经济和电网发展的历史和现状，包括：

1）电网的历史负荷资料；

2）国内生产总值及其年增长率和地区分布情况；

3）电源和电网发展状况；

4）大用户用电设备及主要高耗能产品的接装容量、年用电量；

5）水情、气象等其他影响季节性负荷需求的相关数据。

（2）短期负荷预测要求：

1）短期负荷预测包括从次日到第8日的电网负荷预测；

2）短期负荷预测应按照96点编制，96点预测时间为0：00～23：00；

3）各级电网调度机构在编制电网负荷预测曲线时，应综合考虑工作日类型、气象、节假日、社会大事件等因素对用电负荷的影响，根据积累的历史数据，深入研究各种因素与用电负荷的相关性；

4）各级电网调度机构应实现与气象部分的信息联网，及时获得气象信息，建立气象信息库。

（3）超短期负荷预测要求：

1）预测当前时刻的下一个5、10、15min的用电负荷；

2）在实时用电负荷的基础上，结合工作日、休息日等日期类型和历史负荷的特性，完成超短期负荷预测。

2. 负荷预测的方法

负荷预测方法及适用范围见表3－1。

表3－1　　负荷预测方法及适用范围

预测方法		算法描述	适用范围
传统负荷预测方法	类比法	将类似事物进行分析比较，通过已知事物的特性对未知事物的特性进行预测	各类负荷预测
	趋势外推法	根据负荷的变化趋势对未来负荷情况进行预测。方法是找到一条合适的函数曲线反映负荷变化趋势，建立趋势模型	短期、超短期负荷预测
	弹性系数法	弹性系数是电量平均增长率与国内生产总值之间的比值，根据国内生产总值的增长速度结合弹性系数得到规划期末的总用电量	中、长期负荷预测

续表

预测方法		算法描述	适用范围
传统负荷预测方法	单耗法	按照国家安排的产品产量、产值计划和发用电单耗确定供需电量	中、长期负荷预测
	回归分析法	根据历史资料，建立回归分析的数学模型，实现对未来负荷的预测	中、长期负荷预测
现代负荷预测方法	灰色模型法	以灰色理论为基础，建立负荷预测模型	短期负荷预测
	专家系统法	对数据库里存放的过去几年的负荷数据和天气数据等进行细致分析，汇集有经验的负荷预测人员的知识，提取有关原则，借助专家系统，对研究的问题进行判断和预测	各类负荷预测
	神经网络理论法	利用神经网络的学习功能，让计算机学习包含在历史负荷数据中的映射关系，再利用这种映射关系预测未来负荷	短期、超短期负荷预测
	模糊负荷预测法	应用模糊数学理论，进行确定性的告知，对一些无法构造数学模型的被控过程进行有效控制	短期、超短期负荷预测

3. 负荷预测的流程

负荷预测流程如图 3-1 所示。

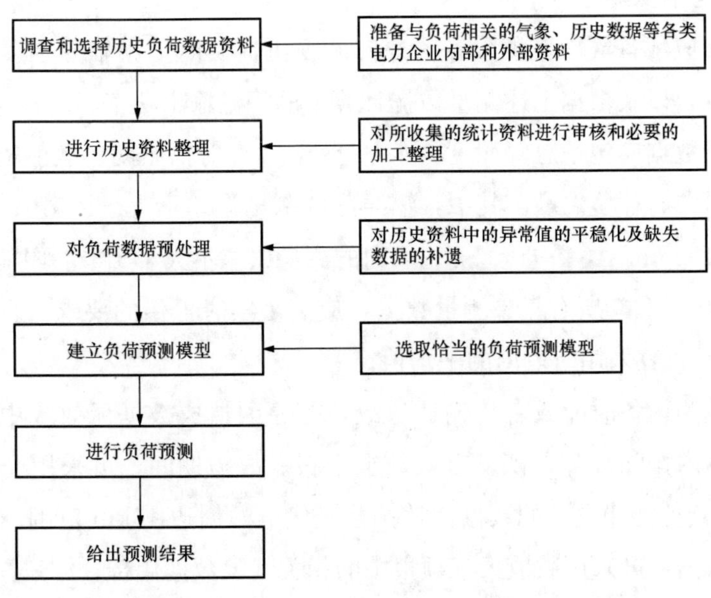

图 3-1 负荷预测流程图

3.1.2 发电能力申报

发电企业应按时向电网企业报送装机容量，并按照发电调度计划和调度指令提交年度、月度、节日或特殊运行方式发电计划。对于不按照调度计划和调度指令发电的，调度机构应当予以警告；经警告拒不改正的，调度可以暂时停止其并网运行。

当电网运行出现下列异常情况时，为保证系统安全运行，电网调度机构可以对发电企业的发电计划进行调整：

(1) 发供电设备发生事故或电网发生事故；

(2) 电网频率或者电压超出规定值；

(3) 输变电设备负载超出规定值；

(4) 主干线路中功率值超过规定的稳定限额；

(5) 其他威胁电网安全运行的紧急情况等。

发电企业应开展设备状态检修管理工作，加强提前诊断和预测工作，按照应修必修、修必修好、一次停电综合配套检修的原则，统筹向调度机构上报检修计划，减少非计划事件对发用电平衡的影响，保证发电计划与实际发电能力的一致性。当发生突发性事件造成设备停运，使得发电计划产生变更时，应及时向调度部门汇报变更情况和原因，以及下一阶段的发电计划曲线。

1. 光伏电站发电能力申报

光伏电站应配备气象监测设备，并向调度机构实时上报辐照强度测量数据和环境测量数据，以及根据上述测量数据计算出的理论输出功率。

气象测量数据应包括总辐照度（水平）、法向直射辐照度、散射辐照度、地面平均风速、风向、环境温度。其中，辐照度的测量误差不大于±5%；风速的测量误差不大于±0.5m/s（3～30m/s）；风向的测量误差不大于±5°；环境温度的测量误差不大于±0.5℃。所有气象测量数据，应满足实时上传的要求，且传输时间间隔不大于5min，宜采用时段内的平均值。

因气象监测设备故障或者传输通道故障等原因造成数据无效或中断时，需要在5个工作日内排除故障，恢复有效数据上报。故障期间，可采用光伏电站周边15km范围内其他光伏电站的数据代替；若光伏电站周边15km范围内无其他可用的光伏电站数据，可采用数值天气预报中的相关气象数据代替。

2. 风电场发电能力申报

风电场应根据超短期风电功率预测，每15min自动向调度机构滚动上报未来

4h 的风电发电功率申报曲线。当天气情况与日前预测偏差较大，导致日风电发电功率申报曲线偏差超过一定数值时，风电场应提前 4h 修改风电发电功率申报曲线，建议汇报电网调度机构。

3.1.3 直调用户负荷申报

主网直供用户应根据有关规定，按时报送其主要接装容量和年用电量预测，按时申报其下一年度的用电计划、下一月度的月用电计划和次日的日用电计划。

（1）年用电计划。包括年用电量、双边购电合同电量、分月电量、年最大负荷、年最小负荷、年最大峰谷差、每月典型日的用电负荷曲线及年度检修计划。

（2）月用电计划。包括月用电量、双边购电合同电量、月最大负荷、月最小负荷、月最大峰谷差、平均峰谷差、典型日的用电负荷曲线及月度检修计划。

（3）日用电计划。包括日用电量、日用电负荷曲线。该用电负荷曲线的负荷率不能低于电网的用电负荷率。为配合电网统调负荷预测的上报工作，直供用户应提前 24h 上报次日的生产计划。

当电网运行出现下列异常情况时，为保证系统安全运行，电网调度机构可以对直调用户的用电计划进行调整：

（1）发供电设备发生事故或电网发生事故；

（2）电网频率或者电压超出规定值；

（3）输变电设备负载超出规定值；

（4）主干线路中功率值超过规定的稳定限额；

（5）电网供电能力严重不足；

（6）其他威胁电网安全运行的紧急情况等。

主网直供用户应按照供（用）电调度计划用电。对于不按照调度计划和调度指令用电的，调度机构应予以警告；经警告拒不改正的，调度机构可以暂时部分或全部停止向其供电。

直供用户应开展设备状态检修管理工作，加强提前诊断和预测工作，按照应修必修、修必修好、一次停电综合配套检修的原则，统筹向调度部门上报检修计划，减少非计划事件的发生，保证生产计划与实际用电量的一致性。当发生突发性事件造成设备停运，使得发电计划产生变更时，应及时向调度部门汇报变更情况和原因，以及下一阶段的发电计划曲线。

直供用户设备需要检修时，应按相关调度协议中设备检修管理规定执行，在报送用电计划的同时，将电气设备的年度、月度、节日设备检修计划报送相关调度机构。被列入月度计划中的检修项目，应至少提前一周向调度部门提出检修申请，并应严格执行批准的计划检修申请，按时完成各项检修工作。临时检修，必须提前 2h 前向当值调度提出申请，由调度部门根据实际情况予以批复。

3.1.4 负荷控制

电网调度机构负责编制本网事故限电序位表和保障电力系统安全的超电网供电能力限电序位表，报政府主管部门审批后执行。具体方案制订时，尽可能避免安排医院、政府、学校等重要负荷，以确保在满足电网安全稳定紧急控制要求的同时对社会影响最低。应避免与错峰限电负荷线路、装有低频低压减负荷装置的线路、负控系统以及紧急拉路序位表中线路重复安排。

电网调度机构在电网出现有功功率不能满足需求，超稳定极限、电力系统故障、持续的频率或电压超下限、备用容量不足等情况时，可按事故限电序位表和超供电能力限电序位表进行限电操作。电网使用者有义务按负荷控制方案在电网企业及其调度机构的指导下实施负荷控制。负荷控制方法见表 3-2。

表 3-2　负荷控制方法

负荷控制方法	说　明
供电企业自行负荷控制	供电企业在无法得到超过负荷计划的额外供应时，必须按事先确定的程序进行负荷控制
供电企业指令负荷控制	当频率或电压持续低于规定的运行限值，供电企业根据所赋予的负荷控制责权对供电区用户直接进行切除负荷操作
电网调度机构指令负荷控制	当运行系统出现负荷不平衡危及系统安全的情况时，电网调度机构根据有关程序，对供电企业或主网直供用户下达指令直接切除负荷的操作
自动低频、低压减负荷控制	当运行系统的电压、频率不满足要求时，通过自动低频、低压减负荷装置切除负荷
实施有序用电	电网高峰负荷出现供需不平衡时，按照地区政府下发的有序用电方案实施有序用电

当电网需要进行负荷控制时，按表 3-3 程序实施控制。

表 3-3 负荷控制程序

控制顺序	控制策略	策略说明
1	计划限电	供电企业根据预定的有序用电方案进行负荷安排。当无法满足用户需求且不能从电网取得额外供应时，按与用户事先商定的协议对用户进行负荷限制。限制负荷时，供电企业应提前通知用户，并仅对用户的超用部分进行限制
2	直接拉路	供电企业根据频率和电压安全的需要，在保证安全供电需求的前提下，无须事先通知用户，可按事故限电序位表和超电网供电能力限电序位表进行限电操作
3	自动低频、低压减负荷	自动低频、低压减负荷装置直接切除负荷

引发负荷控制的条件改变后，由发布负荷控制指令的单位负责恢复正常供电。自动低频、低压减负荷方案由电网调度机构统一编制并负责组织实施，定期进行系统实测。低频、低压减负荷各轮次间应具备顺序动作和加速切负荷功能，具有完备的闭锁措施，具有有效识别电网故障和电网失稳时电网下降的自适应能力，分散布置的减负荷功能不能满足上述要求时，必须配置专用低频、低压减负荷装置。负荷控制的统计、评价和信息发布由相应电网企业负责。

供电企业或主网直供用户应将手动及自动切除的负荷，以及负荷恢复情况及时上报所属电网企业。

3.2 辅助服务

3.2.1 容量备用

1. 备用容量的作用

电网中的负荷一直处在变动中，当电网出现电源故障（包括电力输送环节的故障）致使电网运转电源容量不足时，旋转备用、冷备用机组能否及时投入运行，抽水蓄能机组能否迅速从抽水转换成发电工况等，决定着电网频率能否迅速回升至正常值。当电网中大用户由于自身故障等原因突然中断受电时，调频调峰机组能否及时相应地减小出力，抽水蓄能机组能否快速转换成抽水工况，频率升高过多时，电源的超速保护能否快速切除部分机组，都对保证机组运行安全和电网频率质量起着决定性的作用。

备用（包括瞬时响应备用，即AGC备用）是辅助服务的重要组成部分，目的是当系统出现故障时能够提供足够的发电容量，以维持系统安全、可靠地运行。备用既可以是发电厂事先保留的发电容量，也可以是可中断负荷。可中断负荷是指在电网高峰时段或紧急状况下，用户负荷中心可以中断的部分。足够的备用可以帮助系统克服无规划的机组停运以及在没有损失负荷的情况下主负荷预测错误。

备用容量是一种储备容量或等待调用的容量，它与电力系统正常的工作容量相加组成电力系统的需要容量，是系统正常、安全、可靠运行所不可缺少的。系统工作容量与电力负荷大小相适应，根据负荷需求预测来决定；而备用容量则是在系统发生事故、水电站出现保证率以外的枯水、用电负荷出现超过预测值的额外增长等异常情况下，为了保证电力系统可靠供电而设置的高于用电需求预测值的系统发、供、配电能力。

2. 备用容量的分类

（1）从备用目的来分，系统备用容量可分为旋转备用、负荷备用、事故备用、检修备用和国民经济备用等。

1）旋转备用。旋转备用又称热备用，指设备处于运转状态，或是空载运行，或是带部分负荷运行，与系统同步能够10min内全部获得。水电厂的旋转备用一般为总容量的10%；火电厂的旋转备用则为运转中的发电设备可能发出的最大功率与实际发电负荷的差值。

在传统的运行方式下，辅助备用的容量是确定的，一般定义为系统中最大机组的容量（或其1.5倍）或者为系统负荷的一定比例。水电站的旋转备用状态可以是空载运行，火电站则是带最小技术出力或部分负荷运行。系统负荷一旦超出预测值，这种处于运转状态下的备用容量可以很快投入使用，即它的主要功能是能适应电力系统负荷瞬间的快速波动及一天内计划外的负荷增长。

2）负荷备用。负荷备用是指为调整系统短时的负荷波动，以稳定系统的周波，并担负计划外负荷增加而设置的备用。负荷备用容量的大小应根据系统的容量，系统内电力用户的性质和各类用电的比例确定，一般为系统最大负荷的2%～5%。

3）事故备用。事故备用容量是在机组或联络线发生强迫停运，或发电厂强迫出力下降时用来补偿强迫停运容量，以满足电网稳定和供电可靠性需要而设置的容量。其数值等于强迫停运容量，具体大小取决于系统容量、机组台数、单机容量、机组强迫停运率和消费者对供电可靠性的要求。系统容量越大，机组台数越多，单机容量占系统容量的比例越小，机组强迫停运率越低，用户对供电可靠性

的要求越低，则需要的事故备用容量占系统容量的比例就越小，反之越大。

4）检修备用。为保证电网的发电设备定期进行大修，不影响电网正常供电而设置的备用容量。检修备用的大小，应按有关规程要求安排的电网年度检修计划确定，只有当季节性负荷低落所空出的容量以及水、火发电机组丰、枯季互补容量不足以保证全部机组周期性检修时，才需要设置检修备用容量。按照 SD 131—1984《电力系统技术导则》，检修备用容量一般应结合系统负荷特点，水、火电比例，设备质量，检修水平等情况确定，以满足周期性检修时所有运行机组的要求。具体数值与负荷性质、机组台数、设备状况、检修工期等有关。

5）国民经济备用。考虑电力工业的超前性和负荷超计划增长而设置的备用。国民经济备用的大小与国民经济发展状况有关，一般约为最大发电负荷的3%～5%。

（2）电网备用容量按存在形式可分为热备用和冷备用。冷备用是电网中处于停机状态但可随时待命启动的发电设备可能发出的最大功率。之所以需要热备用，是因为负荷备用和事故备用都是很短时间就要求提供的备用，而冷备用并入电网发出额定功率，短则几分钟，长则十多个小时，不能满足负荷要求。

从保证可靠性供电和良好的电能质量着眼，显然热备用越大越好，但热备用过大，运行机组台数多，经济性不好。考虑到在高峰负荷时发电设备出现事故的概率较小，部分负荷备用和事故备用容量可以通用，因此热备用的大小取负荷备用加一部分事故备用即可满足要求。

3. 影响备用容量的主要因素

（1）系统的可靠性、安全性技术标准和用户的可靠性需求。标准要求越严格，则系统需要的备用越多；反之，则越少。随着经济的发展、科学技术的进步，以及人们生活水平的不断提高，人们对电能质量及系统可靠性的要求也会越来越高，相应的标准也会越来越严格，这将增加系统的备用需求量。

（2）最大在线机组的出力。SD 131—1984 规定：事故备用容量为最大发电负荷的 10%左右，但不小于系统一台最大机组的容量。一般地，系统中最大在线机组的出力越大，则系统需要的备用越多；反之，则少些。

（3）在线机组的可靠性。事故备用中的大部分容量是为机组的突然事故停机而准备的，在线机组的可靠性越高，则事故备用的需求越低。一般来讲，由于新机组的人员、设备等都有一个磨合过程，其可靠性比较低，但单个设备的质量、可靠性比以前有所提高，同时运行人员的素质、水平也普遍有所提高，可靠性情况已经有所改善。

（4）系统容量的大小。SD 131—1984 规定：负荷备用容量为最大发电负荷的2%～5%，低值适用于大系统，高值适用于小系统。一般来讲，系统容量越大，则系统需要的备用越少；反之，则越多。

（5）备用容量的成本，即备用的供给曲线。备用容量的成本越低，电网公司越愿意购买更多的备用；备用容量的成本越高，电网公司就会相对少购买一些备用。

（6）负荷预测的误差及负荷的变动性。负荷预测越准确，则系统需要的备用容量越低；负荷的变动性越低，系统需要的备用越少。

3.2.2 自动发电控制（AGC）

1. AGC 概述

AGC 是并网发电厂提供的有偿辅助服务之一，发电机组在规定的出力调整范围内，跟踪电力调度交易机构下发的指令，按照一定调节速率实时调整发电出力，以满足电力系统频率和联络线功率控制要求的服务。或者说，AGC 对电网部分机组出力进行二次调整，以满足控制目标要求。其基本功能为负荷频率控制（LFC）、经济调度控制（EDC）、备用容量监视（RM）、AGC 性能监视（AGC PM）、联络线偏差控制（TBC）等。其基本的目标是保证发电出力与负荷平衡，保证系统频率为额定值，使区域联络线潮流与计划相等，最小区域化运行成本。其系统构成如图 3－2 所示。

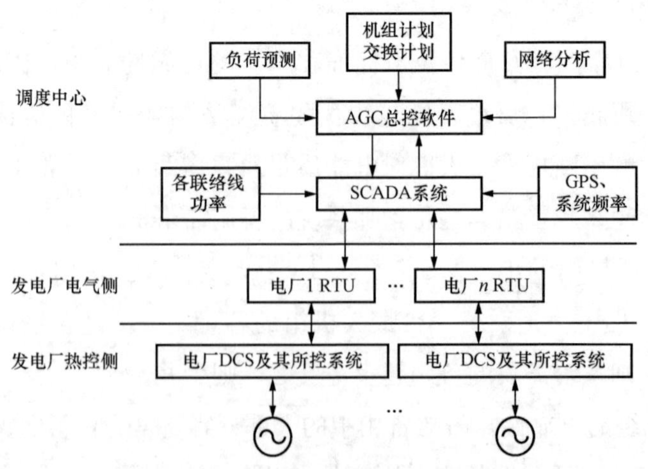

图 3－2　自动发电系统构成图

AGC 指令的计算由调度中心的监控软件实现，其中需要监测联络线潮流、电

网频率等网上实时参数，通过负荷预报系统、网络分析系统、机组发电计划和机组本身的相关参数可计算出本机组的目标负荷，通过微波信号传到电厂的 RTU，进而通过厂内的通信电缆与发电机组的主控 DCS 联系，达到直接控制机组的目标负荷。

2. AGC 的功能及控制方式

随着电网的发展，仅靠主调频厂的调频容量很难适应电网频率的调整要求，即使在同一时间内动用多个电厂参与调频，由于所需信息分散在各地难以综合考虑优化控制，无法全面完成调整经济功率分配方面的任务，因此现代电网二次调频大多采用自动调频方式，自动调频不但速度快，可以保持电网频率在额定值上下允许范围内运行，而且可按最优原则分配参与二次调整的各台机组的功率，使电网潮流分布经济、安全，对联络线功率的控制很有利。AGC 可较好地完成下列任务，着重解决电力系统在运行中的频率调节和负荷分配问题，以及与相邻电力系统间按计划进行功率交换问题：

(1) 调整全网的发电出力使之与负荷需求的供需静态平衡，保持电网频率在正常范围内运行。

(2) 在联合电网中，按联络线功率偏差控制，使联络线交换功率在计划值允许偏差范围内波动。

(3) 在 EMS 系统内，AGC 在安全运行前提下，对所辖电网范围内的机组间负荷进行经济分配，从而作为最优潮流与安全约束、经济调度的执行环节。

(4) 电网故障时，AGC 将自动或手动退出运行。而在非事故情况下，当电网出现功率缺额和频率下降，或电网负荷下降且频率上升时，AGC 均可具有自动开停机组的功能。因此，若抽水蓄能电厂采用 AGC 及其自动开停机或转换运行工况的功能，将大大增加抽水蓄能机组的事故备用和调峰作用。

3. AGC 电厂控制系统

发电厂用于接收控制信号、控制发电机组调整发电功率的系统或设备如下：

(1) 调速器。其是控制发电机组输出功率最基本的执行部件，改变调速器的功率基准值或转速基准值是进行频率二次调节最基本的方法。对于那些具有功率基准值输入接口的功频电液调速器或微机调速器，可通过 RTU 或电厂自动化系统直接将功率设定值或升降命令发送到调速器，实现 AGC 控制。

(2) 调功装置。对于那些不具备功率基准值输入接口的调速器（如机械式调速器），必须由调功装置进行控制信号的转换，如转换成调速电动机的控制信号。同时，调功装置还具有功率限制控制、转速控制、汽温汽压保护等功能。

(3) 协调控制系统（CCS）。单元汽轮发电机组的发电机、汽轮机和锅炉是一个有机的整体，对汽轮发电机组的运行要求是：当电力系统负荷变化时，机组能迅速满足负荷变化的要求，同时保持机组主要运行参数（特别是主汽压）在允许的范围内。而调功装置运用于汽轮发电机组的控制，只能实现对汽轮机响应负荷变化的控制，无法实现对锅炉的控制。因此，需要采用协调控制系统，对汽轮发电机组机、电、炉的多个变量进行协调控制，使机组既能满足电力系统的运行要求，又能保证整个机组的安全性、经济性。

(4) 全厂控制系统。在有多台机组的电厂中，采用全厂控制系统对主站的AGC指令在机组之间进行负荷分配，能降低每台机组调节的频繁程度；进一步提高负荷分配的经济性；避开机组不宜运行的区域（如水电机组的振动区、气蚀区）；当其中某些机组因运行工况不能响应控制指令时（如启、停辅机），将控制指令转移给其他机组。因此，全厂控制系统是提高电厂的安全性、经济性，改善控制性能的有效手段。

4. 电厂AGC控制模式设定

(1) AGC电厂端控制环节的主要方式。

1) 水电厂的单机控制方式。该方式下由于调度中心的AGC程序不能充分考虑水轮发电机间的经济分配，一定程度上影响电厂经济运行的积极性。

2) 水电厂的集中控制方式。水电厂的集中控制方式主要建立在水电厂有比较成熟的计算机的基础上，调度中心AGC的控制命令为全厂总的功率设定值，传送到水电厂计算机监控系统的上位机，然后由厂站计算机系统根据机组的经济运行原则并考虑各种机组限值，将总出力命令分配给各机组。

对梯级水电站可以通过流域计算机控制系统的上位机实现AGC系统分级分层过程控制。调度中心AGC的控制命令为流域总的功率设定值，其传送到流域计算机控制系统的上位机，然后由流域计算机系统根据梯级水电站的经济运行原则并考虑各种约束，将总出力命令分配给各梯级水电厂内计算机控制系统的上位机。

3) 火电厂的单机控制方式。火电厂一般采用单机控制方式，每个PLC控制着一台机组。火电机组的控制系统比较复杂，不但机炉相互配合方式比较多，而且涉及众多的辅助系统。一般来说，火电厂的机组是经机炉协调控制系统（CCS）进行控制的。CCS对于机、炉、电复杂的运行工况具有完整的监视和控制功能，对远方调度中心下达的AGC指令有监视和保护措施，机炉的调节特性和跟踪负荷的能力较强。对于未配置 CCS 的火电机组，可以安装火电机组调功装置，接收调度端的日计划负荷曲线并按计划曲线运行，必要时也可参与 AGC 闭环控制的次紧急和紧急调节。

4）火电厂的集中控制方式。火电厂机组综合自动化改造完成后，由分布式控制系统（DCS）对全厂每台机进行综合协调控制和经济负荷分配。调度中心 AGC 的控制命令为全厂总的功率设定值，传送到分布式控制系统 DCS 的上位机，然后由 DCS 根据机组的经济运行原则并考虑各种机组限值，将总出力命令分配给各机组。

（2）AGC 可调机组的状态设置。

1）AGC 自动控制：处于这种模式的机组主要调整联络线交换功率，当联络线实际功率偏离计划值时，调节机组出力使其回到计划值，即 AGC 自动模式。

2）调度员手动控制：调度员根据生产需要，可手动置入期望出力给发电机组。

3）计划曲线调节：正常情况下自动按发电计划带负荷；紧急情况下，协助处于自动模式下的机组调节联络线。

4）AGC 关闭：处于这种模式下的机组已退出 AGC。

5）OFF 机组：这种模式的机组处于停运状态。

3.2.3 进相运行

1. 无功平衡

电压质量是电能质量的重要指标，无功补偿与无功平衡是保证电压质量的基本条件，对保证电网的安全稳定与经济运行起着重要的作用。维持电网系统无功平衡，对于提高设备的利用率、减少电压损失、降低网损等意义重大。

无功平衡

$$\sum Q=\sum Q_1-\sum Q_2 \tag{3-1}$$

无功电源

$$\sum Q_1=\sum Q_F+\sum Q_B+\sum Q_C+\sum Q_T \tag{3-2}$$

无功负荷

$$\sum Q_2=\sum Q_{FH}+\sum \Delta Q_B+\sum \Delta Q+\sum Q_K \tag{3-3}$$

式中 $\sum Q_F$——系统所有发电机的无功出力；

$\sum Q_B$——并联电容补偿容量；

$\sum Q_C$——充电功率；

$\sum Q_T$——调相机无功出力；

$\sum Q_{FH}$——各变电站及用户二次侧所带的无功负荷；

$\sum \Delta Q_B$——各变电站变压器无功损失；

$\sum \Delta Q$——输电线路上的无功损失；

$\sum Q_K$——高压并联电抗器及发电厂厂用变压器所消耗的无功功率。

当$\sum Q>0$时，说明总的无功能平衡，此时应进一步分层分区进行无功功率的平衡。

随着电力系统的不断发展、发电机机组的日益增多，超高压远距离输电电缆线路的增加，电力系统电容电流迅速增加。在轻负载下，线路上的电压会升高，特别是在节假日等低负荷时段，如不能有效地吸收多余的无功功率，枢纽变电站母线上的电压可能超过额定电压的15%～20%。此时若利用部分发电机的进相运行来吸收一部分无功功率，以达到局部无功平衡、进行电压调整，则可少装设其他调压设备，是一种经济可行的办法。

2. 进相运行

发电机的进相运行是指减少发电机励磁电流，使发电机电势减小，发电机负荷电流产生助磁电枢反应，发电机向系统输送有功功率、吸收无功功率的运行状态。

电网安全稳定与电厂稳定密切相关、相互依存。维护电网的安全稳定运行，实施电网安全运行所需的措施是所用并网电厂、供电用户应该承担的义务。

(1) 轻负荷时段，各调度应充分运用无功调节手段，合理安排有进相能力的机组运行状态，春节期间对于无进相能力的机组原则上一律停机。各级调度对于所辖范围内的地方电厂，应逐步推广进相运行试验，要求均具备进相运行能力，在轻负荷时段作为无功平衡的可用手段。

(2) 各级调度应结合本区域电网特性，对所辖的小电厂定期颁发无功曲线，确保小电厂无功出力与所属区域的无功平衡、电压质量状况相适应。即维持机端电压同时，要求在高负荷时段允许适当低功率因数发电，但禁止无功越电压等级输送；轻负荷时段应高功率因数发电。

发电机进相运行时，主要应注意以下4个问题：

(1) 静态稳定性降低：进相运行时，由于发电机进相运行，内部电势降低，静态储备降低，使静态稳定性降低。由于发电机的输出功率$P=\frac{EU}{X_d}\sin\delta$，在进

相运行时 E、U 均有所降低，在输出功率 P 不变的情况下，功角 δ 增大，同样降低动稳定水平。

（2）端部漏磁引起定子端部温度升高：进相运行时由于助磁性的电枢反应，使发电机端部漏磁增加，端部漏磁引起定子端部温度升高，发电机端部漏磁通为定子绕组端部漏磁通和转子端部磁通的合成。进相运行时，由于两个磁场的相位关系使得合成磁通较非进相运行时大，导致定子端部温度升高。

（3）厂用电电压降低：厂用电一般引自发电机出口或发电机电压母线，进相运行时，由于发电机励磁电流降低和无功潮流倒送会引起机端电压降低，同时还会造成厂用电电压降低。

（4）过负荷：由于机端电压降低在输出功率不变的情况下发电机定子电流增加，易造成过负荷。

同步发电机进相运行从理论上是可行的，但实际运行中，一般都在正常状态运行，除了上述的限制条件，电力系统必须保持一定的无功储备，以保证系统在受到扰动时的动态无功供给及电压支撑，避免发生电压失稳和电压崩溃。

由于发电机的类型、结构、冷却方式及容量等不同，允许输送的有功功率和吸收的无功功率，应按有关规定执行。

3.2.4　黑启动

黑启动是指整个系统因故障全停后，不依赖别的网络帮助，通过系统中具有自启动能力机组的启动，带动无自启动能力的机组，逐渐扩大系统恢复范围，最终实现整个系统恢复的过程。在系统发生大面积或全网停电的情况下，如果没有任何黑启动措施，将使停电时间大大延长，造成国民经济的重大损失。黑启动是电网安全措施的最后一道关口。

1. 黑启动的基本原则

（1）合理选择黑启动电源。黑启动电源主要分为两类：一类是本身具有黑启动能力的机组，通常为水轮机和具有黑启动能力的燃气轮机，这类电源具有辅助设备简单、厂用电少，启动速度快等优点，是首选的黑启动电源；另一类是事故后残存的机组或孤岛，通常为装有满负荷减载装置的汽轮机，跳闸后带自身的厂用电运行，或是低频解列后形成的孤岛，另外还有相邻系统的支援。

（2）对电网事故后的节点状态进行扫描，检测各节点状态，以保证各子系统之间不存在电和磁的联系。

(3) 各子系统各自调整及相应设备的参数设定和保护配置。

(4) 各子系统同时启动子系统中具有自启动能力的机组，监视并及时调整各电网的参变量水平（如电压、频率）及保护配置参数整定等，将启动功率通过联络线送至其他机组，带动其他机组发电。

(5) 将恢复后的子系统在电网调度的统一指挥下按预先制定的断路器操作序列并列运行，随后检查最高电压等级的电压偏差，完成整个网络的并列。

(6) 恢复电网剩余负荷，最终完成整个电网的恢复。

2. 黑启动的步骤

(1) 黑启动初始阶段：主要是用系统中的黑启动电源分别向停止运行的火力发电厂提供启动电压使它们恢复发电能力，重新并入电网，并开始形成一个子系统。

(2) 恢复和建立网架阶段：这一阶段将逐步恢复主网的网架，即充电输电线、同步子系统，完成网络重建且监测系统电压、无功平衡、电压和频率动态响应、故障隔离情况等。

(3) 负荷恢复阶段：当火电机组已经启动并且有一定的发电能力，而且也已建立较为稳固的网架后，系统可供给的有功和无功大大增加，便可以逐渐恢复负荷。

3. 黑启动过程中需注意的问题

(1) 发电机自励磁问题。

(2) 开关操作的时间特性影响。

(3) 火电厂机组启动特性的影响。

(4) 同步发电机的自励磁问题。

(5) 空载线路、变压器充电时的过电压问题。

(6) 原动机突然带上负荷时的频率响应。

(7) 负荷的冷启动效应、功率因数及负荷需求的概率特性。

(8) 黑启动初期低频振荡问题的分析及计算研究。

(9) 系统初步恢复后系统稳定问题的分析及计算研究。

4. 黑启动案例

如图 3-3 所示为黑启动的目标电网图。其中 A 站为 500kV 变电站，D 厂为调节性能较好的 220kV 水电厂，G 厂为 220kV 火电厂，B、C、F、E 站为 220kV 变电站，H、N 站为 110kV 变电站，M 厂为具有自启动能力燃气机组的电厂。

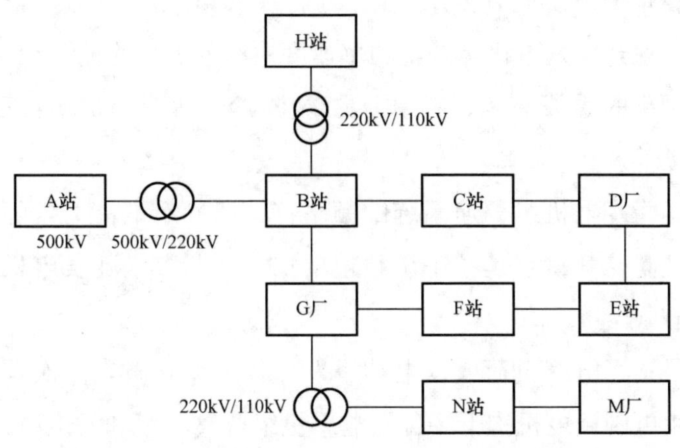

图 3-3　黑启动的目标电网图

该电网黑启动的恢复路径有以下几种：

(1) 500kV 黑启动电源为 A 站。用 A 站 500kV 电源通过主变压器恢复 A 站 220kV 母线，用 A-B-G 给 G 厂送厂用电，然后开启 G 厂机组，用 B-C-D送至 D 厂厂用电，开启 D 厂机组，实现 500kV 与 220kV 电源的并列，逐步恢复各个变电站的负荷。

(2) 220kV 黑启动电源为 D 厂。令 D 厂黑启动成功后，通过 D-C-B-G 或 D-E-F-G 给 G 厂送厂用电，然后令 G 厂开机，逐步恢复其余 220kV 变电站，并逐步恢复负荷。

(3) 110kV 黑启动电源为 M 厂。如果上述两种方法都行不通，可选择具有自启动能力且调节能力强的 M 厂机组作为黑启动电源。令 M 厂黑启动成功后，通过 110kV 母线送 N 站母线，经过 N 站的升压变压器提供 G 厂厂用电，开启 G 厂机组，逐步恢复 220kV 变电站供电。

3.3 频率与电压控制

3.3.1 频率控制

电网调度机构负责指挥电网的频率调整，并使电网运行在规定的频率范围内。装机容量在 3000MW 及以上的电网正常频率偏差允许值为±0.2Hz，装机容量在 3000MW 以下的电网偏差允许值为±0.5Hz。

电网调频厂根据系统调频要求和电厂调整能力确定，在《并网调度协议》中有明确规定。一般选取发电机组调整功率速度快、范围大的发电厂。

控制电网频率的手段有一次调频、二次调频、高频切机、自动低频减负荷、机组低频自启动等。

一次调频是指发电机组调速系统的频率特性所固有的能力，随频率变化而自动进行的频率调整。其特点是频率调整速度快，但调整量随发电机组的不同而不同，且调整量有限。

二次调频是指当电网负荷或发电功率发生较大变化时，一次调频不能恢复至规定范围时，由电网调度机构下令各发电厂机组调整功率和发电机组采用 AGC 技术实现机组功率自动调整的调频方式。

高频切机是指电网频率超出偏差允许值上限较多时，电网安全自动装置按照电网频率判据切除部分发电机组的调频方式。

自动低频减负荷是指电网频率低于偏差允许值下限较多时，电网安全自动装置按照电网频率判据切除部分用电负荷的调频方式。

机组低频自启动是指电网频率低于偏差允许下限较多时，电网安全自动装置或调度自动化系统按照电网频率判据自动开启启动速度较快的水电、燃气等机组。

电网必须具有适当的高频切机容量、低频自启动机组容量和自动低频切负荷容量，并由电网调度机构负责管理。高频切机和低频自启动机组容量一般根据电网情况安排，自动低频切负荷容量一般不小于电网负荷的 30%。

频率异常的处理措施如下：

(1) 当系统频率高于正常频率范围的上限时，电网调度机构可采取调低发电机功率、解列部分发电机等措施。

(2) 当系统频率低于正常频率范围的下限时，电网调度机构可采取调高发电机功率、调用系统备用容量、进行负荷控制等措施。

3.3.2 电压控制

电网的无功补偿实行“分层分区、就地平衡”的原则。电网调度机构负责电网无功的平衡和调整，必要时组织制订改进措施，由电网企业和电网使用者组织实施。电网调度机构按调度管辖范围分级负责电网各级电压的调整、控制和管理。

电力系统无功电压控制应遵循以下基本原则：

(1) 电力系统应充分利用各种调压手段，确保系统电压在允许范围内。

（2）电力系统应有事故无功备用，无功电源中的事故备用容量，应主要储备于运行的发电机、调相机和动态无功补偿设备中，以保证电力系统的稳定运行。

（3）110～220kV变电站在主变压器最大负荷时，其高压侧功率因数应不低于0.95；在低谷负荷时功率因数应不高于0.95，且不宜低于0.92。风电场安装的风电机组、光伏电站的功率因数应满足在超前0.95至滞后0.95的范围内动态可调。

（4）发电厂、220kV厂站的35～110kV母线正常运行方式时，电压允许偏差为系统额定电压的－3％～＋7％；事故运行方式时为系统额定电压的±10％。

电网调度机构负责管辖范围内电网的电压管理，内容包括：

（1）按照调度管辖范围和电网实际情况，确定发电厂、变电站高压母线为电压考核点、电压监视点。

（2）编制季或月度电压曲线。

（3）管理系统电容器、电抗器、SVG和调相机等无功补偿装置的运行。

（4）确定和调整变压器分接头位置。

（5）统计电压合格率，并按有关规定对发电企业、电网企业和用户进行考核。

电力系统中参与无功电压调整的设备有：

（1）发电机组：可通过调整发电机励磁电流来调节发电机无功功率的输出，从而达到调压的目的。

（2）低压电容器低压电抗器：低压电容器及电抗器一般并联接入变电站主变压器低压侧（66、35、10kV侧），通过投退调节网络电压。

（3）固定高压电抗器：包括母线和线路固定高压电抗器，其可以抵消线路电容效应，按有关规定投退调节网络电压。

（4）串联补偿装置：将电容器串联在线路中，以改变线路参数，起调节网络电压的作用。

（5）可控高压电抗器：包括分级式和磁控式，分级式可控高压电抗器按照控制策略进行升降挡位调整网络电压；磁控式可控高压电抗器通过调整励磁电流来平滑调节网络电压。

（6）静止无功补偿装置（SVC）：包括晶闸管控制电容器（TCS）、晶闸管控制电抗器（TCR）、磁控电抗器（MCR）等类型。通过调整设备自身电容和电抗容量来平滑调节网络电压。

（7）静止无功发生装置（SVG）：利用可关断大功率电力电子器件组成自换相桥式电路，经过电抗器与电网并联运行。通过调整桥式电路交流侧输出电压，或直接控制交流侧电流来调节网络电压。

(8) 变压器分接头：通过调整主变压器分接头挡位来调节网络电压。

在确保电网安全稳定运行、留有足够的动态无功储备和设备安全运行的前提下，电网无功调整的手段如下：

(1) 调整发电机无功功率。

(2) 调整调相机无功功率。

(3) 调整无功补偿装置。

(4) 自动低压减负荷。

(5) 调整电网运行方式。

接入电网运行的发电厂、直供用户等应按电网调度机构确定的电网运行范围进行调节。当电压出现较大偏差且无功调节能力用尽、电压仍超出限额时，应及时向电网调度机构汇报。电网调度机构应采取必要的无功调整手段进行调压。

4 涉网设备检修管理

4.1 巡　　视

地县级电网发电厂和大用户对各种值班方式下的巡视时间、次数、内容应作出明确规定，应按设备的实际位置确定科学、合理的巡视检查路线和检查项目。宜编制巡视标准化作业指导书，并严格执行。

涉网设备运行人员按“三定”（即定路线、定时间、定人员）原则对全站设备进行认真地巡视检查，以提高巡视质量，及时发现异常和缺陷，并汇报上级有关部门和相关调度。

涉网设备巡视分类及内容见表 4－1。

表 4－1　　涉网设备巡视分类及内容

巡视分类		巡　视　内　容
1	交接班巡视	由交班人员陪同到现场，对上一班变动、操作、工作过的设备和新发现的缺陷及带严重缺陷运行的设备作核对性检查
2	正常巡视	按涉网设备现场运行规程中制定的检查项目（内容）进行巡视
3	全面巡视	主要是对设备进行全面的外部检查，对缺陷有无发展作出鉴定，检查设备的薄弱环节，检查防火、防小动物、防误闭锁等有无漏洞，检查接地网及引线是否完好
4	熄灯巡视	检查设备有无电晕、放电、接头有无过热现象
5	特殊巡视	按涉网设备现场运行规程中制定的检查项目（内容）进行巡视

遇有以下情况，宜进行特殊巡视，见表 4－2。

表 4-2　特殊巡视

序号	特殊巡视
1	大风前后的巡视
2	雷雨后的巡视
3	冰雪、冰雹、雾天的巡视
4	设备变动后的巡视
5	设备新投入运行后的巡视
6	设备经过检修、改造或长期停运后重新投入系统运行后的巡视
7	过负荷或负荷剧增、超温、设备发热、系统冲击、跳闸、有接地故障情况等异常情况下，应加强巡视，必要时，应派专人监视
8	设备缺陷有发展时，应加强巡视
9	法定节假日、上有重要任务时

4.2 操　　作

4.2.1 调度操作任务

1. 电气一次设备的四种状态

(1) 运行状态是指设备的断路器（开关）、隔离开关（刀闸）都在合上位置，将电源端至受电端的电路接通；所有的继电保护及自动装置均在投入位置（调度有要求的除外）控制及操作回路正常。

(2) 热备用状态是指设备只有断路器（开关）断开，而隔离开关（刀闸）仍在合上位置，其他同运行状态。

(3) 冷备用状态是指设备的断路器（开关）、隔离开关（刀闸）都在断开位置。

1) 断路器（开关）冷备用是指断路器（开关）间隔内的断路器（开关）及其两侧隔离开关（刀闸）都在断开位置，并取下该断路器（开关）间隔的母线差动保护、失灵保护压板。

2) 线路冷备用是指断路器（开关）间隔内断路器（开关）、隔离开关（刀闸）[有旁路的，应包括线路旁路隔离开关（刀闸）] 都在断开位置，并取下线路电压互感器二次侧熔丝及该线路断路器的母线差动保护、失灵保护压板。

线路电压互感器隔离开关（刀闸）连接在避雷器的，线路改冷备用操作时线路电压互感器隔离开关（刀闸）不拉开，只有当线路改检修状态时，才拉开线路

电压互感器隔离开关（刀闸）。

线路电压互感器隔离开关（刀闸）没有连接避雷器的，线路改冷备用状态时应把线路电压互感器隔离开关（刀闸）拉开后［将无高压隔离开关（刀闸）的电压互感器当低压熔丝取下后］即处于冷备用状态。

(4) 检修状态是指设备的所有断路器（开关）、隔离开关（刀闸）均断开，挂上接地线或合上接地开关，挂好工作牌，装好临时遮栏，该设备即为检修状态。根据不同的设备分为开关检修、线路检修、主变压器检修等。

1) 线路检修是指线路的断路器（开关）、母线（包括旁路母线）及线路隔离开关（刀闸）都在断开位置，如有线路电压互感器，应将其隔离开关（刀闸）拉开或取下高、低压熔丝。线路接地开关在合上位置（或装设接地线），并取下该线路断路器（开关）的母线差动保护和失灵保护压板。

2) 开关检修是指开关及其两侧刀闸均拉开，取下开关操作回路熔丝，开关的母差电流互感器脱离母差回路（先停用母差，拆开母差电流互感器回路，并短路接地，测量母差不平衡电流在允许范围，再投母线差动保护）。母线差动保护具备母差电流互感器按母线闸刀位置自动切换的，应检查切换情况，然后在开关两侧或一侧合上接地开关（或装设接地线）。

3) 主变压器检修，即在断路器（开关）两侧或主变压器各侧合上接地开关（或挂上接地线）。

2. 母线的状态

母线的状态见表 4-3。

表 4-3　　母线的状态

设备名称	运　　行	热备用	冷备用	检　　修
单母线或单母线分段接线	母分断路器（开关）或任一线路断路器（开关）在运行状态	无此状态	母分及其所有连接该母线的线路、主变压器均在冷备用。通过高压隔离开关（刀闸）连接的母线电压互感器或避雷器等可在运行状态	母分及其所有连接该母线的线路、主变压器均在冷备用，母线电压互感器冷备用或检修，母线上有接地线或合上接地开关
双母线接线（一）	母联断路器或任一线路、主变压器断路器（开关）在运行状态［包括母线的任一断路器（开关）的母线隔离开关（刀闸）在合上状态］	无此状态	母联冷备用，所有连接该母线主变压器、线路的母线隔离开关（刀闸）均在断开状态，唯通过高压隔离开关（刀闸）连接的母线电压互感器或避雷器等可在运行状态	母联冷备用，所有连接该母线主变压器、线路的母线隔离开关（刀闸）均在断开状态，母线电压互感器冷备用或检修，母线上有接地线或合上接地开关

续表

设备名称	运　行	热备用	冷备用	检　修
双母线接线（二）	旁路断路器（开关）或任一线路、主变压器断路器（开关）在运行状态［包括母线的任一断路器（开关）的母线隔离开关（刀闸）在合上状态］	无此状态	旁路断路器（开关）不作母联运行，所有连接该母线的主变压器、线路的母线隔离开关（刀闸）、正（副）母线旁路隔离开关（刀闸）均断开，唯通过高压隔离开关（刀闸）连接的母线电压互感器或避雷器等可在运行状态	旁路断路器（开关）不作母联运行，所有连接该母线主变压器、线路的母线隔离开关（刀闸）、正（副）母线旁路隔离开关（刀闸）均在断开状态，母线电压互感器冷备用或检修，母线上有接地线或合上接地开关
双母线单（双）分段接线	母联（或分段）断路器（开关）或任一线路、主变压器断路器（开关）在运行状态［包括母线的任一断路器（开关）的母线隔离开关（刀闸）在合上状态］	无此状态	连接该母线的母联及分段断路器（开关）都为冷备用，所有连接该母线主变压器、线路的母线隔离开关（刀闸）均在断开状态，唯通过高压隔离开关（刀闸）连接的母线电压互感器或避雷器等可在运行状态	连接该母线的母联及分段断路器（开关）都为冷备用，所有连接该母线主变压器、线路的母线隔离开关（刀闸）均在断开状态，母线电压互感器冷备用或检修，母线上有接地线或合上接地开关

注　双母线接线（一）、（二）分别指双母线专用母联断路器（开关）和双母线旁路兼母联接线方式。

3. 设备状态改变的操作步骤

设备状态改变的操作步骤见表4－4。

表4－4　　设备状态改变的操作步骤

设备状态	改变后状态			
	运　行	热备用	冷备用	检　修
运行		（1）拉开必须切断的断路器（开关）。 （2）检查所切断的断路器（开关）处在断开位置	（1）拉开必须切断的断路器（开关）。 （2）检查所切断断路器（开关）处在断开位置。 （3）拉开必须断开的全部隔离开关（刀闸）。 （4）检查所拉开的隔离开关（闸刀）处在断开位置	（1）拉开必须切断的断路器（开关）。 （2）检查所切断断路器（开关）处在断开位置。 （3）拉开必须断开的全部隔离开关（刀闸）。 （4）检查所拉开的隔离开关（刀闸）处在断开位置。 （5）合上接地开关或挂上保安用临时接地线。 （6）检查合上的接地开关处在接通位置

续表

设备状态	改变后状态			
	运　行	热备用	冷备用	检　修
热备用	合上设备上所有的断路器（开关）		（1）检查所切断断路器（开关）处在断开位置。 （2）拉开必须断开的隔离开关（刀闸）处在断开位置	（1）检查所切断断路器（开关）处在断开位置。 （2）拉开必须断开的全部隔离开关（刀闸）。 （3）检查所拉开的隔离开关（刀闸）处在断开位置。 （4）合上接地开关或挂上保安用临时接地线。 （5）检查所合上的接地开关处在接通位置
冷备用	（1）检查设备上确无接地线或接地开关。 （2）检查所切断断路器（开关）确在断开位置。 （3）合上必须合上的隔离开关（刀闸）。 （4）检查所合上的隔离开关（刀闸）处在接通位置。 （5）合上必须合上的断路器（刀闸）。 （6）检查所合上的断路器（开关）处在接通位置	（1）检查设备上确无接地线或接地开关。 （2）检查所切断断路器（开关）确在断开位置。 （3）合上必须合上的隔离开关（刀闸）。 （4）检查所合上的隔离开关（刀闸）处在接通位置		（1）检查所切断的断路器（开关）确在断开位置。 （2）检查所断开的隔离开关（刀闸）确在拉开位置。 （3）合上接地开关或挂上保安用临时接地线。 （4）检查所合上的接地开关处在接通位置
检修	（1）拆除全部保安用临时接地线或拉开接地开关。 （2）检查所拉开的接地开关处在断开位置。 （3）检查所切断的断路器（开关）确在断开位置。 （4）合上必须合上的隔离开关（刀闸）。 （5）检查所合上的隔离开关（刀闸）处在接通位置。 （6）合上必须合上的断路器（开关）。 （7）检查所合上的断路器（开关）处在接通位置	（1）拆除全部保安用临时接地线或拉开接地开关。 （2）检查所拉开的接地开关处在断开位置。 （3）检查所切断的断路器（开关）确在断开位置。 （4）合上必须合上的隔离开关（刀闸）。 （5）检查所合上的隔离开关（刀闸）处在接通位置	（1）拆除全部保安用临时接地线或拉开接地开关。 （2）检查所拉开的接地开关处在断开位置。 （3）检查所切断的断路器（开关）确在断开位置。 （4）检查所断开的隔离开关（刀闸）确在断开位置	

注　设备转入“检修状态”时挂上工作牌，装设临时遮栏，加保安锁等安全措施，虽未载明在表内，但仍须参照 Q/GDW 1799.1—2013《电力安全工作规程　变电部分》的规定执行，设备复役时同。

4.2.2 一次设备操作

1. 系统解、并列操作

系统解、并列操作见表4-5。

表4-5 系统解、并列操作

操作	条件	注意事项
系统并列	必须相序相同，频率相等，电压差尽可能小	若调整困难，特别是事故时为了加速并列，允许频率差不超过0.5Hz，500kV电压差不超过10%，220、110、10kV电压差不超过20%。如无法调整时，允许电压相差为20%
系统解列	必须将解列点有功功率调整至零，电流调至最小，使解列后的两个电网频率、电压均在允许的范围内	当难于调整时，一般在容量较小的系统向大系统输送少量功率时拉开解列点断路器（开关）

2. 系统解、合环操作

系统解、合环操作见表4-6。

表4-6 系统解、合环操作

操作	条件	注意事项
系统合环	合环前必须确认相位正确，电压差一般允许在20%以内，相角差一般不超过20°	（1）合环前应掌握上一级网络的运行情况，考虑到环路内潮流的变化以及电网稳定，设备容量限额和继电保护及自动装置的运行要求。对于比较复杂的合环操作必须先进行环流计算。 （2）有同期并列装置的断路器（开关）在正常操作或事故处理时均应使用同期方式进行操作（指合环或并列），不许自行解除同期闭锁装置。只有值班调度员指明该断路器（开关）向母线、线路或变压器充电操作时，方可解除同期闭锁装置进行操作
系统解环	解环操作，应先检查解环点的有功、无功潮流，确保解环后电网各部分电压在规定的范围内，各环节的潮流变化不超过继电保护、电网稳定和设备容量等方面的限额	

3. 断路器（开关）操作

断路器（开关）操作见表4-7。

表 4-7　　断路器操作

<table>
<tr><th>操　作</th><th>操作检查</th><th>注意事项</th></tr>
<tr><td rowspan="2">断路器（开关）可以拉、合负荷电流、充电电流和循环电流以及额定遮断容量以内的故障电流</td><td>断路器（开关）合闸前必须检查继电保护已按规定投入</td><td rowspan="2">（1）当发现断路器（开关）本体或操动机构存在按规定无法操作的缺陷时，现场应将断路器（开关）改非自动，禁止用该断路器（开关）切断负荷电流，并尽快处理。
（2）当 35、110kV 电磁合闸断路器（开关）操动机构失灵时，禁止在带电情况下用撬棒或千斤顶进行慢速分合闸操作。
（3）涉网单位运行值班人员发现少油断路器（开关）消弧室严重缺油（甚至无油）、SF_6 断路器（开关）低压力报警时，应立即报告电网值班调度员和本单位主管部门，并迅速准确地判明缺陷的性质。值班调度员应采取果断措施，如将断路器改非自动或在无电状态下脱离系统等。
（4）涉网单位各种型号的断路器（开关）允许的故障跳闸累计次数由各涉网单位根据断路器（开关）出厂说明制定，按调度管辖范围报相应电网调度备案。当跳闸次数达到允许跳闸累计次数−1 次时，除停用重合闸外，还需安排检修。特殊情况下经涉网单位技术负责人批准，再根据设备实际情况确定是否马上安排检修</td></tr>
<tr><td>断路器（开关）合闸后必须检查断路器（开关）机械位置指示和三相电流是否平衡，有功、无功表计指示及指示灯是否正常</td></tr>
</table>

4. 隔离开关（刀闸）操作

隔离开关（刀闸）操作见表 4-8。

表 4-8　　隔离开关操作

<table>
<tr><th>操　作</th><th>注意事项</th></tr>
<tr><td>在电网无接地时拉、合电压互感器、空载站用变压器</td><td rowspan="5">（1）由于母线较长（包括旁路母线），经计算或试验证明母线的充电电流较大，隔离开关（刀闸）拉、合空充母线将危及设备安全时，现场应明确规定不得用隔离开关（刀闸）拉、合母线的充电电流。
（2）对于 GIS 双母接线，现场应明确能否用隔离开关（刀闸）拉、合母线的充电电流</td></tr>
<tr><td>在无雷击时拉、合避雷器</td></tr>
<tr><td>拉、合 220kV 及以下母线的充电电流</td></tr>
<tr><td>拉、合断路器（开关）旁路隔离开关（刀闸）的旁路电流［指与旁路断路器（开关）并列运行时，一般需将两断路器同时改为运行非自动］</td></tr>
<tr><td>在没有接地故障时，拉、合变压器中性点接地开关</td></tr>
</table>

5. 母线操作

母线操作见表 4-9。

表 4-9　　母线操作

操　作	注意事项
母线充电	（1）充电断路器（开关）应具有反映各种故障的快速保护［利用母联断路器（开关）充电时，应先投入母联充电解列保护］。在母线充电前，应考虑电网稳定的要求。如果稳定有要求则按照规定执行。 （2）应注意防止出现铁磁谐振或因母线三相对地电容不平衡而产生的过电压

续表

操　作	注 意 事 项
母线停电	停用母线电压互感器时应考虑其对继电保护自动装置和表计的影响
经变压器向母线充电	110kV 变压器中性点应接地
母线倒排	(1) 母线差动保护不得停用并应做好相应调整； (2) 母联断路器（开关）应改非自动； (3) 各组母线上电源与负荷分布应合理； (4) 一次接线与保护二次交直流回路应对应； (5) 一次接线与电压互感器二次负荷应对应； (6) 双母线中停用一组母线，在倒母线后，一般先拉开空载母线上电压互感器二次开关，再拉开母联断路器（开关）（注意谐振过电压）； (7) 运行倒母线操作，母线隔离开关（刀闸）应先合后拉；热备用倒母线操作，母线隔离开关（刀闸）应先拉后合，并注意电源、线路的布置应防止母联断路器（开关）过负荷
旁路母线充电	一般用旁路断路器进行充电，保护投入、重合闸停用
母线并列	电压等级低的母线需从分列改并列运行时，一般要求上一电压等级的母线并列运行，尽量避免主变压器低压侧母线并列运行时，高压侧母线分列运行

6. 线路操作

线路操作见表 4-10。

表 4-10　　线　路　操　作

<table>
<tr><th>操　作</th><th colspan="2">注 意 事 项</th></tr>
<tr><td>两侧都有电源的联络线路</td><td>停电及送电操作，应先将各侧改到冷备用，然后再由冷备用改线路检修（或由冷备用改运行），即使一侧已改到冷备用，另一侧也不能直接由运行改线路检修（或由线路检修改运行）</td><td rowspan="4">线路停电时先停受电端（或小容量电源端）后停送电端（或大容量电源端）；送电操作顺序相反</td></tr>
<tr><td>终端线路停电检修及送电操作</td><td>允许直接由运行改线路检修（或由线路检修改运行）</td></tr>
<tr><td>新建线路</td><td>第一次送电时，必须在额定电压下冲击合闸三次</td></tr>
<tr><td>改建线路</td><td>第一次送电时，必须在额定电压下冲击合闸一次，经核对相位正确无误后方可投入系统运行</td></tr>
</table>

7. 变压器操作

变压器操作见表 4-11。

表 4-11　　变压器操作

操　作	注意事项
变压器并列运行	(1) 应满足电压比相等、联结组别相同、短路电压相等； (2) 对于电压比和短路电压不同的变压器，通过计算任一台变压器都不会过负荷时，可以并列运行
运行中的变压器中性点接地开关倒换	(1) 运行中各变压器中性点接地方式应按电网调度继电保护管理部门规定执行； (2) 应先合上另一台变压器的中性点接地开关，再拉开原来一台变压器的中性点接地开关，三绕组变压器当高压侧开口由中压侧向低压侧供电时，变压器高压侧中性点必须接地
有载调压主变压器分接头调整	(1) 明确相关电压控制原则； (2) 现场可按电压控制原则自行调整
无载变压器分接头调整	调整后应测量该挡分接头三相绕组的直流电阻，三相电阻值差不得大于 2%，并应与原始数据进行比较
变压器投运	(1) 应当先合上电源侧断路器（开关），后合上负荷侧断路器（开关）。 (2) 向空载变压器充电时，应注意以下事项： 1) 充电断路器（开关）应具有完备的继电保护，用小电源向变压器充电时应校核继电保护的灵敏度，以及励磁涌流对电网继电保护的影响； 2) 为了防止充电变压器故障跳闸后电网失稳，必要时可先降低有关线路的有功功率； 3) 变压器充电前应检查电源电压，使充电的变压器各侧电压不超过相应分接头电压的 5%； 4) 220、110kV 变压器在拉、合闸前应先合上变压器中性点接地开关，待充电后再按规定改变接地方式； 5) 新投产及大修后变压器在第一次投入运行时，应在额定电压下冲击合闸 5 次，并应进行核相，有条件时先进行零起升压试验
变压器停运	(1) 应当先拉开负荷侧断路器（开关），后合上电源侧断路器（开关）。 (2) 倒换变压器时应检查并入的变压器确已带上负荷后才允许拉开停用的变压器，并应注意相应地改变变压器保护、消弧线圈和中性点的接地方式。 (3) 变压器有下列情况之一时应立即停止运行： 1) 变压器声响明显增大，很不正常，内部有爆裂声； 2) 变压器冒烟、着火； 3) 防爆管喷油或释压阀动作喷油； 4) 套管有严重破损和放电现象
备用变压器每季的充电操作	变压器停用时瓦斯保护应投入以便监视油面

8. 电压互感器的运行和操作

电压互感器的运行和操作见表 4-12。

表 4-12 电压互感器的运行和操作

运行和操作	注 意 事 项
电压互感器运行	母线电压互感器和避雷器共用一个隔离开关（刀闸）时，雷季期间一般不允许停用。特殊情况下在天气晴好时允许短时间停用
电压互感器停役	（1）双母线或单母线分段的母线电压互感器的正常停役操作，一般要在母线并列运行下进行，单母线电压互感器停役要考虑对有关保护及母线绝缘监视装置的影响，尽可能调整运行方式，无法调整时则需停用有关保护。 （2）电压互感器停役应先取下二次低压熔丝，再拉高压隔离开关（刀闸），防止电压互感器二次向一次反充电
电压互感器复役	电压互感器复役应先合高压隔离开关（刀闸），再取下二次低压熔丝，防止电压互感器二次向一次反充电

9. 消弧线圈的运行和操作

消弧线圈的运行和操作见表 4-13。

表 4-13 消弧线圈的运行和操作

运行和操作	注 意 事 项
消弧线圈的调整	（1）消弧线圈的调整应以过补偿的运行方式为基础，但消弧线圈容量不足或其他特殊情况时允许短时采用欠补偿的运行方式。 （2）当网络的运行方式改变时，应及时正确地调整消弧线圈的分接头，35kV 消弧线圈分接头选择应满足以下要求： 1）中性点位移电压，在长期运行情况下，不得超过相电压的 15%；在特殊情况下，可允许达到 20%。 2）当系统发生单相接地故障时，故障点电流不宜超过 5A。 3）在过补偿运行时，增加线路长度应先调整消弧线圈，再进行线路操作；减少线路长度时先操作线路后调整消弧线圈。欠补偿运行操作顺序与上述相反。 （3）调整消弧线圈分接头时，对于无载分接开关，应将消弧线圈退出运行，严禁在带电运行状态下改分接头
消弧线圈从一台变压器切换至另一台变压器运行时	不得将两台变压器中性点同时经一台消弧线圈接地
拉、合消弧线圈的隔离开关（刀闸）	（1）正常情况下，必须根据消弧线圈信号和电压表指示情况，判明系统内确无单相接地才能拉、合消弧线圈的隔离开关（刀闸）。 （2）如果中性点位移电压超过正常相电压的 30%（6 千伏），或通过消弧线圈的电流大于 10A 时，应设法降低位移电压后再进行操作

10. 电容器的运行和操作

电容器的运行和操作见表 4-14。

表 4-14　　电容器的运行和操作

运行和操作	注　意　事　项
电容器运行	(1) 在正常情况下，电容器的投、切应根据系统的无功分布及电压情况来决定。 (2) 当运行电压超过电容器铭牌额定值10%时，电容器必须停止运行。 (3) 电容器环境温度不得大于规定值，超出规定时，值班人员应采取降温措施，如调整无效应将电容器短时停止运行
电容器操作	电容器组开关拉闸后至再次合闸，其间隔时间不得小于5min

11. 核相操作

核相操作见表4-15。

表 4-15　　核　相　操　作

操　作	注　意　事　项
新设备或检修后相位可能变动的设备核相	投入运行时，校验相序相同后才能进行同期并列，校核相位相同后才能进行合环操作
220、110、35kV线路或变压器核相	该操作一般在母线电压互感器二次进行（必要时应采取防谐振措施），核相应先用同一电源校验两组电压互感器二次相位正确，再进行不同电源核相

4.2.3　二次设备操作

(1) 二次设备的状态分类见表4-16。

表 4-16　　二次设备的状态分类

状　态	装　置　状　况
跳闸	指装置电源开启、功能压板和出口压板均投入
信号	指出口压板退出，功能压板投入（纵联保护、过流解列保护信号状态除外），装置电源仍开启
停用	指跳闸压板和出口压板均退出，装置电源关闭

(2) 二次设备操作规定见表4-17。

表 4-17　　二次设备操作规定

序号	操　作　规　定
1	涉网二次设备，其调度关系原则上与一次设备相一致
2	任何涉网设备不允许无保护运行，由于一次设备检修、新设备启动、保护试验、调整定值或继电保护装置故障需停用时，二次设备调整原则应按电网继电保护调度检修运行规定执行

续表

序号	操作规定
3	属电网调度管辖的继电保护装置，其状态（跳闸、信号、停用、更改定值等）改变应事先申请并得到电网值班调度员的同意
4	涉网继电保护设备，在更新改造或定值更改后，现场值班运行人员应核查设备符合运行规程要求并与整定单要求一致，设备投入运行前应向电网值班调度员汇报确认具备投运条件，并与电网值班调度员核对整定单无误
5	国产微机保护装置在运行中需要切换已固化好的成套定值时，由运行值班人员按规定方法切换，此时可不停用微机继电保护装置，但应立即打印（显示）核对新定值
6	涉网二次设备动作以后，现场值班运行人员应及时检查和打印故障报告，详细准确记录保护动作信号；同时应及时将动作跳闸的保护装置名称、故障相别、重合闸装置及录波器动作情况、故障测距汇报电网值班调度员；并将故障录波文件（或波形图）、保护装置的打印报告存档并报给相关电网调度
7	当涉网二次设备发生异常情况时，运行值班人员应立即向电网值班调度员汇报，并按有关规定处理。发生不正确动作后，涉网单位运行部门应保护现场，由继电保护专业人员进行诊断性试验，查明原因
8	涉网单位运行值班人员应按继电保护运行规程对继电保护装置及其二次回路进行定期巡视，对相关设备做在线测试和记录，并对控制回路信号、继电保护装置信号、交流电压回路、直流电源等进行监视
9	应每天定时对高频保护进行自动测试或人工检查通道信号，并做好记录。运行中如发现通道异常时，现场可接令人员应立即向电网值班调度员汇报；若需停用保护，则应向电网值班调度员申请停用，并按本单位规定检查处理
10	纵联保护通道设备如阻波器、结合滤波器、接地开关、分频滤波器（差接网络）、高频电缆、光缆、光纤通信和 PCM 等设备的运行维护、调试、检修应分工明确。当保护通道设备工作时，应事先与相关专业联系，并履行调度申请手续，严格执行工作票制度

4.2.4 防误操作措施

（1）防误操作管理措施见表 4－18。

表 4－18　　防误操作管理措施

序号	防误操作管理措施
1	建立本单位防误工作岗位责任制，明确各有关部门和人员的管理职责
2	各类防误装置应保持在投入运行状态
3	防误装置存在的问题（缺陷）应及时处理

续表

序号	防误操作管理措施
4	应定期分析防止电气误操作工作存在问题，提出工作目标和计划，检查、督促和考核工作落实情况
5	应做好防误操作和防误装置日常管理，制定防止电气误操作及防误装置管理规定等相关规章制度，定期检查落实情况
6	将防误装置大修、维护和技术改造项目纳入本单位反事故技术措施计划，并组织实施
7	组织做好防误装置技术培训工作
8	做好新建、扩建和改建工程中有关防误装置选型、设计审查、投运前验收等工作

(2) 防误装置的规范要求见表4-19。

表4-19　防误装置的规范要求

序号	防误装置的规范要求
1	防误装置的性能、质量、技术条件应符合国家有关文件标准的要求，一切有条件的电气设备和控制回路，均须实施防误闭锁
2	涉网设备不论安装何种类型的防误装置应具备下列“五防”功能： (1) 防止误分、误合断路器（开关）； (2) 防止带负荷分、合隔离开关（刀闸）或带负荷推入、拉出手车隔离触头； (3) 防止带电挂接地线或合接地开关； (4) 所有隔离开关（刀闸）应具有防止带接地线（或未拉开接地开关）合隔离开关（刀闸）的功能； (5) 所有带电设备的网门均应具有防止误入带电间隔的功能。 “五防”功能除“防止误分、误合断路器”现阶段因技术原因可采取提示性措施外，其余四防功能必须采取强制性防止电气误操作措施
3	防误装置必须与主设备同时设计、同时施工、同时投运
4	对微机防误系统除具备第3点所要求功能外，系统同时应具备可维护性，用户可随设备变更情况自行修改和扩展系统的条件，具体规定如下： (1) 所有断路器的KK开关处应装设电编码锁，所有隔离开关（刀闸）锁选用“五防”挂锁（或装设电磁锁），并应配置状态检测器以防走空程序。 (2)“五防”挂锁采用合金或不锈钢压铸成形，内部采用不锈钢零件的防水设计，坚固耐用，安装维护简单方便；固定接地线桩头采用铜质材料。 (3) 独立微机防误装置还应考虑同自动化监控系统设备的通信连接，在防误主机内设置从自动化监控系统截取实时数据并进行处理的软件，具备与自动化监控系统接口通信的功能（防误拉合开关），使防误系统在线运行，增加防误的可靠性。 (4) 防误装置应不影响断路器（开关）、隔离开关（刀闸）等设备的技术性能，不干扰其他变电设备（包括继电保护、自动化、通信）的正常工作。 (5) 防误装置的电源应与继电保护、控制回路的电源分开，且隔离形成专用电源，闭锁回路应设专用电源。 (6) 防误装置应做到防尘、防雨、防雾、防霉、防异物，不卡涩，不受站内自动化和通信设备的干扰。 (7) 防误装置必须备有专用的解锁工具

(3) 防误装置的技术要求见表4-20。

表4-20 防误装置的技术要求

序号	项目	技术要求
1	防误装置设计原则	防误装置的设计应以简单、可靠、操作维护方便为主，不增加正常操作和事故处理的复杂性。选用的防误装置应是经国家有关部门鉴定的产品
		涉网设备防误操作闭锁逻辑宜符合电网企业防误操作闭锁逻辑规范的要求
		同一涉网运行部门的闭锁种类不宜超过三种；同一操作设备的闭锁装置只宜选用一种，至多不得超过两种
		新建涉网设备防误装置优先采用单元电气闭锁回路加微机“五防”的方案。手车柜、成套开关柜（或其他简单的接线）可采用机械闭锁或机械程序锁并辅以电磁闭锁装置，也可直接采用电磁闭锁装置
2	防误装置配置原则	当采用机械程序锁或机械闭锁为主的型式时，无法达到闭锁功能的设备应辅以电磁闭锁
		当采用电磁、电气闭锁防误为主的闭锁型式时，闭锁范围应包括无机械闭锁的成套柜
		当采用微机防误为主的闭锁形式时，闭锁范围应包括无闭锁的所有设备
		所有可能出现倒送电源的出线柜、主变压器柜、站用变压器柜的后门，应有高压带电显示装置，间隔网门应设法与该装置闭锁
		线路接地开关的防误，必须考虑装设防止线路有电时合闸的闭锁装置
		接地线固定位置应装设可与闸刀（网门）闭锁的接地桩，该桩的设计、安装应与主设备同步，并作为防误装置的验收项目，不得遗漏，应保证在不拆除接地线的情况下设备不能复役
3	安装、验收要求	应装而未装防误装置的设备不得投入运行
		在新建或改造工程中，应使涉网设备达到电气“五防”的要求，没有达到“五防”功能的工程不能投产
		新建、扩建和改建的涉网设备的防误装置应与主设备同时设计、安装、验收、投运
		涉网单位运行部门应参加防误装置的验收工作

续表

序号	项 目	技 术 要 求
4	防误装置的运行、检修、维护和管理	涉网设备防误装置的运行、维护及消缺工作由涉网单位运行部门负责
		防误装置应纳入相应的主设备管理，与主设备一样经常保持完好状态，在检修设备的同时应做好防误装置的维修工作，确保其完好，涉网设备运行人员在验收设备的同时，应同时验收防误装置的完好性
		防误装置的缺陷管理与主设备缺陷管理相同。凡发现防误装置“五防”功能失去的缺陷应列为重要缺陷，及时处理
		应将防误装置的运行列入现场运行规程中，并建立防误装置台账，涉网单位运行部门应及时掌握所辖防误装置的类型，以及装置的安装、投运、完好三率的统计。台账应包括装置型号、出厂年月、用途、装设地点、变更、缺陷、解锁情况等内容
		涉网单位应具有所装防误装置的出厂技术资料和使用说明等资料，电气防误装置必须有完整的二次图纸，与继电保护图纸一起统一保管
		防误装置的维护检查工作应包括机械锁上油、电磁锁非解锁试验、微机防误装置对位报警试验、“五防”锁具编码核对等方面
		防误装置不得随意退出运行，长时间停运整套防误闭锁装置时，要经涉网单位技术负责人批准；单设备退出防误闭锁装置时，应经涉网单位运行部门负责人批准，并应尽快投入运行
		为保障防误装置的稳定运行，防误用计算机作为“五防”专用机，必须做到专机专用，不得兼作他用

4.2.5 应急操作

(1) 为了防止事故扩大，凡符合下列情况的应急操作，可由现场自行处理并迅速向所辖值班调控员做简要报告，事后再做详细汇报：

1) 将直接对人员生命安全有威胁的设备停电。

2) 在确知无来电可能的情况下将已损坏的设备隔离。

3) 运行中设备受损伤已对电网安全构成威胁时，根据现场事故处理规程的规定将其停用或隔离。

4) 发电厂厂用电全部或部分停电时，恢复其电源。

5）整个发电厂或部分机组因故与电网解列，在具备同期并列条件时与电网同期并列。

(2) 对运行中的高压开关柜施行停电操作时，必须确认高压开关柜负荷端已经完全停止运行，方可执行拉闸操作。严禁对高压开关柜施行带负荷拉闸操作。

(3) 应急操作人员必须是专业电工人员，严禁非专业人员执行停电作业。

(4) 事故处理情况下的应急操作，可不用操作票，但应做好监护，并做好操作过程中的事故预想。

4.3 工　　作

4.3.1 安全措施

安全措施是确保在电气设备上施工安全和设备安全的有效措施，是涉网设备运行管理工作的一项重要内容。

(1) 安全围栏设置见表 4-21。

表 4-21　　安全围栏设置

序号	标　　准	备　　注
1	检修设备四周围栏应有进出通道，其出入口应围至临近道路旁边，便于检修人员进出	(1) 围栏可分为围栏绳、围栏布和木栅栏、不锈钢栅栏等多种形式，视具体情况而定。 (2) 围栏垂直空间内无法避免带电部位时，应向工作负责人交代清楚
2	如隔离开关（刀闸）一侧带电，则围栏不应包含该隔离开关（刀闸）的操作手柄或操动机构箱	
3	利用固定安全围栏作为检修设备隔离时，应先将围栏上“止步，高压危险”标示牌反向（即面朝外）或用面朝外的“止步，高压危险”标示牌覆盖	
4	在室内高压设备上工作时，可根据情况在工作地点两旁及对面运行设备间隔处设置围栏；一段母线检修时应考虑在通道上用围栏隔离另一段带电母线，并禁止人员通行	
5	围栏垂直空间内不宜有带电部位	

(2) 安全标示牌设置见表 4-22。

表 4-22　　安全标示牌设置

标示牌	设置标准	备　注
在此工作	(1) 屏前工作或屏前后均工作时，设置在屏前；仅屏后工作时，设置在屏后。 (2) 高压设备柜整柜检修工作时，设置在柜前；柜前工作或柜前后均工作时，设置在柜前；仅柜后工作时，设置在柜后。 (3) 固定围栏内设备全部工作时，设置在围栏入口处；固定围栏内设备部分工作时，设备在相应工作设备处。 (4) 整个室内设备全部工作时，设置在室内各进门处；开关室内一段母线设备停电工作，且用围栏等措施将另一段带电母线隔离时，设置在室内允许工作人员进门处；室内设备部分工作时，设置在相应工作设备处。 (5) 单一的一次设备工作，设置在相应工作设备处。 (6) 工作范围为一个间隔时，设置在围栏的入口处。 (7) 工作范围为几个间隔且设备较多或工作范围较大时，可在工作地点悬挂适当数量的此标示牌	(1) 屏包括控制屏、测控屏、保护屏、计量屏、远动屏、直流屏、所用电屏等。 (2) 开关室、变压器室、电容器室等必须在工作票中写明悬挂的具体位置
从此上下	在主变压器本体、线路或母线构架上工作时，应将铁梯或爬梯上的“禁止攀登，高压危险!”标示牌取下或反转或覆盖，并在此位置悬挂此标示牌	工作终结后应及时恢复“禁止攀登，高压危险!”标示牌
禁止合闸，有人工作	(1) 作为安全隔离措施的手动操动机构隔离开关（刀闸）的操作把手上应悬挂此标示牌。 (2) 作为安全隔离措施的电动操动机构隔离开关（刀闸）的机构箱门上应悬挂此标示牌。 (3) 作为安全隔离措施的电动操动机构隔离开关（刀闸），若可以在隔离开关（刀闸）控制箱中操作，但隔离开关（刀闸）控制箱上锁影响设备检修而无法上锁时，应在箱内对应操作按钮上悬挂此标示牌。 (4) 断路器（开关）仅本体有工作，应在 KK 手柄上悬挂此标示牌。 (5) 作为安全隔离措施的低压熔丝底座上应悬挂此标示牌	(1) 断路器（开关）和隔离开关（刀闸）在计算机上操作的，应在操作按钮上设此标示牌。 (2) 断路器（开关）一、二次同时工作或仅二次工作时不设此标示牌

续表

标示牌	设置标准	备　注
止步，高压危险	(1) 因工作需要而在工作地点四周设置的临时遮栏（围栏）上应悬挂此标示牌。 (2) 因工作需在带电设备四周设置的全封闭临时遮栏（围栏）上应悬挂此标示牌。 (3) 高压试验地点四周设置的临时遮栏（围栏）上应悬挂此标示牌。 (4) 电气设备常设遮栏（围栏）上应悬挂此标示牌。 (5) 禁止通行的过道遮栏（围栏）上应悬挂此标示牌。 (6) 在室内高压断路器（开关）上工作时，在工作地点两旁及对面运行设备的遮栏（围栏）上应悬挂此标示牌。 (7) 高压开关柜手车拉出后的柜门上应悬挂此标示牌。 (8) 在室内母线上工作时，在工作地点邻近的永久性隔离挡板上应悬挂此标示牌。 (9) 在室外构架上工作时，在工作地点邻近带电部分的横梁上应悬挂此标示牌	(1) 围栏上的“止步，高压危险”标志可代替“止步，高压危险”标示牌。 (2) 第1点中的标示牌朝向围栏里面，第2、3、4点中的标示牌朝向围栏外面，第5点标示牌朝向可以通行的过道方向，第8、9点中的标示牌朝向工作地点方向。 (3) 第3点中的标示牌由工作班负责设置。 (4) 第8、9点中的标示牌由检修人员负责设置。 (5) 第4点中设置的标示牌应离地1.6m左右
禁止合闸，有人工作	在线路工作时，在本线路的断路器（开关）和隔离开关（刀闸）的操作把手上应悬挂此标示牌	悬挂具体位置参照“禁止合闸，有人工作”标示牌相关规定
禁止攀登，高压危险	(1) 高压配电装置构架的爬梯上应悬挂此标示牌。 (2) 变压器、电抗器等设备的爬梯上应悬挂此标示牌。 (3) 设备运行时，安全距离不足的检修平台台阶上应悬挂此标示牌	爬梯上设置的标示牌应离地1.7m左右
禁止分闸	接地开关与检修设备之间连有断路器（开关）或隔离开关（刀闸）时，在接地开关和断路器或隔离开关合上后，在断路器（开关）或隔离开关（刀闸）操作把手上应悬挂此标示牌	主要是为了方便母线等设备接地
从此进出	室外工作地点围栏的出入口处应悬挂此标示牌	

(3) 红布幔设置见表4-23。

表 4-23　　红布幔设置

序号	标　　准	备　　注
1	整屏工作时，应在左右运行屏正面和背面设置红布幔	（1）此处运行包括运行状态和信号状态。 （2）隔离措施可采用红布幔、运行红旗、胶带布等多种形式，这里以红布幔为例加以说明。 （3）具有“运行设备”标志的标示牌可代替红布幔，不需重复设置。 （4）整屏工作时应将屏门打开，左右运行屏门应关好
2	屏内某套保护或某部件工作时，应在其四周运行保护正面和背面设置红布幔	
3	控制屏上某 KK 开关工作时，应在左右（必要时为四周）运行 KK 手柄正面和背面设置红布幔	
4	仅屏前或屏后工作时，可仅在屏前或屏后设置红布幔	

4.3.2　工作许可

工作许可人在完成施工现场的安全措施后，还应完成下列许可手续，工作班方可开始工作：

（1）会同工作负责人到现场再次检查所做的安全措施，对具体的设备指明实际的隔离措施，证明检修设备确已无电。

（2）对工作负责人指明带电设备的位置和工作过程中的注意事项。

（3）和工作负责人在工作票上分别确认、签名。

4.3.3　工作中断

（1）当天需中断工作时，工作班人员应从工作现场撤出，所有安全措施保持不动，工作票仍由工作负责人执存。间断后继续工作，无需通过工作许可人。

（2）隔天需中断工作时，每日收工，应清扫工作地点，开放已封闭的道路，并将工作票交回运行人员。次日复工时，应得到工作许可人许可，取回工作票，工作负责人必须事前重新认真检查安全措施是否符合工作票的要求后，并召开现场站班会后，方可工作。

注意：若无工作负责人或监护人带领，工作人员不得进入工作地点。

4.3.4　工作终结与汇报

完成以下手续后，工作票方告终结：

（1）全部工作完毕后，工作班应清扫、整理现场。

(2) 工作负责人应先周密地检查，待全体作业人员撤离工作地点后，再向运行人员交代所修项目、所发现的问题、试验结果和存在问题等，并与运行人员共同检查设备的状况，检查有无遗漏物件、是否清洁等，然后在工作票上填明工作结束时间。

(3) 经双方签名后，表示工作终结。

(4) 待工作票上的临时遮栏已拆除，标示牌已取下，已恢复常设遮栏，未拆除的接地线、未拉开的接地开关等设备的运行方式已汇报电网调度，工作方告终结。

(5) 工作票执行后加盖“已执行”章。

(6) 使用过的工作票一张由运行部门保存，每月由专人统一整理、收存；另一张工作票按本单位规定收存。

4.4 缺　　陷

4.4.1 一次设备

1. 缺陷分类

一次设备包括变压器，电抗器、消弧线圈、断路器、隔离开关、电流互感器、电压互感器、避雷器（针）、电力电容器、耦合电容器、阻波器、母线、电力电缆、接地装置、防误装置、直流系统、消防保卫、电测仪表、电能计量等。

运行中的涉网设备发生异常，影响安全运行的，均称为设备缺陷。其按影响程度可分为紧急缺陷、重要缺陷和一般缺陷三类。

2. 缺陷等级

涉网一次设备缺陷等级划分原则见表 4-24。

表 4-24　涉网一次设备缺陷等级划分原则

设备缺陷等级	划分原则
紧急缺陷	设备或建筑物发生直接威胁安全运行并需立即处理，否则随时可能造成设备损坏、人身伤亡、大面积停电、火灾等事故的缺陷
重要缺陷	对人身或设备有重要威胁，暂时尚能坚持运行但需尽快处理的缺陷
一般缺陷	紧急、重要缺陷以外的设备缺陷，指性质一般，情况较轻，对安全运行影响不大的缺陷

一次设备缺陷见表 4-25。

表 4-25　一次设备缺陷

缺陷等级	缺陷举例
紧急缺陷	SF_6 断路器气压压力降低，造成断路器分、合闸闭锁
	断路器液压机构压力降低，造成断路器分、合闸闭锁
	断路器弹簧操动机构不能储能或液压机构压力降至规定值无法打压
	断路器拒分、拒合
	耦合电容器、电容式电压互感器渗油
	断路器控制回路红灯不亮（排除指示灯本身故障）
	隔离开关拒分或拒合，影响停复役操作
	直流系统故障造成全部充电机（模块）不能正常工作
	直流系统电压过高或过低
	直流系统接地
	户外架空母线、引线严重断股
	氧化锌避雷器正常天气情况下泄漏电流超过平时的 1.4 倍或跌至零
	母线电压互感器高压熔丝熔断
	风冷变压器冷却器全停
	设备正常负荷时，接头严重发热、变色（红色蜡片贴不上，立即熔化）
	关口计量表故障
重要缺陷	SF_6 断路器气压压力降低，造成断路器低压力报警
	油位基本正常时，充油设备（包括液压机构）发生严重滴漏油
	充油设备渗油，油位低至下限以下
	少油断路器灭弧室油位低至 1cm 以下，但外部无渗漏现象
	氧化锌避雷器正常天气情况下泄漏电流超过平时的 1.2 倍
	高温、高负荷天气风冷变压器冷却器故障
	直流系统故障造成部分充电机（模块）不能正常工作
	正常负荷时，设备连接处发热（绿色蜡片熔化，红色蜡片还可以贴上，不立即熔化）
	有载调压失控、滑挡
	防误装置故障，失去防误闭锁功能
	电容器组单个电容器膨肚、发热
	隔离开关主刀合闸不到位
	直流系统蓄电池组电池渗液、外壳变形

续表

缺陷等级	缺 陷 举 例
一般缺陷	充油设备轻微渗漏油
	各种设备呼吸器硅胶变色
	户外设备构架、端子箱生锈较严重
	主变压器少数风扇损坏
	主变压器温度计指示不正常
	直流系统蓄电池组个别电池电压偏低或容量不足

4.4.2 二次设备

1. 缺陷分类

二次设备包括继电保护装置、安全自动装置、监控系统、二次回路、站用电系统、通信设备、图像监控等。

继电保护及其二次回路缺陷按危险程度一般分为紧急缺陷、重要缺陷、一般缺陷3类。

2. 缺陷等级

涉网二次设备缺陷等级划分原则见表 4-26。

表 4-26　涉网二次设备缺陷等级划分原则

设备缺陷等级	划 分 原 则
紧急缺陷	危及继电保护正常运行，可能立即造成保护装置误动或拒动，影响系统安全的保护装置及二次回路的缺陷
重要缺陷	影响继电保护正常运行，但尚不致立即造成保护装置误动或拒动，或虽可能引起误动或拒动，但有双重保护或后备保护，允许短时撤出运行的保护装置及二次回路的缺陷
一般缺陷	能维持保护装置正常运行的保护装置及二次回路的缺陷

二次设备缺陷见表 4-27。

表 4-27　二 次 设 备 缺 陷

缺陷等级	缺 陷 举 例
紧急缺陷	运行中开关自动分闸或操作时发生拒分、拒合
	出口中间继电器断线或监视灯不亮
	保护装置各段出口信号灯亮

续表

缺陷等级	缺 陷 举 例
紧急缺陷	保护、控制用熔丝熔断
	距离保护振荡闭锁动作
	保护装置逆变电源故障
	保护装置交流采样出错等Ⅰ类告警
	线路TV二次回路失压
	直流接地
	高频保护装置、收发信机及高频通道加工设备缺陷
	发电厂、大用户受电关口的RTU、综合自动化的远动发送装置故障
	发电厂、大用户受电关口功率测量点故障
	发电厂、大用户受电关口的远动至省级、地级电网调度的通道故障
重要缺陷	控制信号灯熄灭或不正常
	信号继电器不掉牌
	电压继电器接点抖动
	事故、预告信号回路异常
	发电厂、大用户RTU、综合自动化的远动发送装置故障
	发电厂、大用户远动至地级电网调度的通道故障
	关口电量采集终端及关口电能表数据不合格
	发电厂、大用户涉网开关遥信、开关遥控故障
	发电厂、大用户综合自动化的当地监控装置故障
一般缺陷	除紧急缺陷、重要缺陷规定的自动化设备外，发电厂、大用户其他自动化设备器件故障
	发电厂、大用户闸刀遥信、保护遥信、其他遥信故障
	发电厂、大用户主变压器分接开关挡位升降遥控故障
	非关口测量点故障
	电量采集拨号通道故障
	其他保护及二次回路缺陷

4.4.3 统计分析

1. 一次设备缺陷统计、分析与上报

涉网单位运行部门应及时发现并掌握管辖范围内涉网一次设备缺陷的具体情况，包括缺陷发现时间、设备名称、设备型号、缺陷部位、缺陷内容、缺陷性质等，并提出初步的处理意见报所属单位。对力所能及的缺陷应积极组织力量自行消缺。

涉网一次设备缺陷，包括在巡视、操作、检修、试验、检测等工作中发现的各类设备缺陷，都应做好记录。对已经处理的设备缺陷，也要做好详细记录。缺陷记录的主要内容包括缺陷设备名称和部位、缺陷主要内容、缺陷性质、缺陷类别、发现者姓名和日期、处理情况及结果（包括必要的检测数据）、缺陷原因、处理者姓名和日期、验收情况等。

对于变化中的涉网一次设备缺陷，除及时汇报外，还应加强跟踪监视。涉网设备重要缺陷若因故不能及时进行停役处理，需要带缺陷继续运行时，不论何种原因，不论采取何种措施，均应征得电网调度同意。

发现涉网一次设备存在紧急缺陷或重要缺陷时，应立即向电网当值调度和所属单位汇报。

建立本单位设备缺陷管理的有关档案资料，做好缺陷处理常用备品备件及事故备品备件的管理。

把好设备缺陷消除后的验收关，验收情况应详细登录到缺陷管理流程。设备停电检修后，停电间隔内的所有设备缺陷均应消除，减少设备重复停电。

涉网单位每月对管辖范围内的涉网设备消缺情况进行统计分析，并报电网调度部门。对本单位缺陷管理流程的执行情况（含相关填写内容的正确性、完整性和及时性，设备缺陷的消缺率等）进行考核。

2. 二次设备缺陷统计、分析与上报

涉网单位运行人员在日常巡视、定期检验及实时监视中发现涉网继电保护设备缺陷时，应立即按现场运行规程处理，并报电网调度值班员。

涉网继电保护设备缺陷未消除之前，涉网单位运行人员应按照巡视检查制度的规定，加强设备监视，注意缺陷的发展和恶化，以防发生事故。

涉网运行单位应建立所辖二次设备的缺陷记录，完整记录缺陷发生时的现象、原因、处理经过及处理结果。

涉网运行单位每月对所辖二次设备缺陷及处理情况进行分析统计，并报电网调度部门。

5 涉网设备资料管理

5.1 设 备 台 账

5.1.1 涉网设备台账

涉网单位要建立所管辖涉网设备完整的设备台账，其种类见表5-1。

表5-1 **涉网设备台账种类**

序号	台账种类	序号	台账种类
1	一次设备	4	继电保护设备
2	直流	5	自动化设备
3	站用电系统	6	通信设备

涉网设备应按设备单元建立台账，台账内容见表5-2。

表5-2 **涉网设备台账内容**

序号	台账内容	序号	台账内容
1	主设备本单元一次系统单线图及调度名称	4	交接、大修及历次试验报告
2	主设备铭牌规范	5	设备运行记事（大修、绝缘分析、异常及缺陷处理）
3	继电保护设备型号、程序版本等		

设备台账管理措施如下：

(1) 涉网运行单位应收集和建立设备台账，应在设备投运前完成设备台账资料的收集工作；设备更换后，应及时更新相应的设备台账。

(2) 涉网运行部门应对涉网设备台账的及时性、正确性、完整性负责。

(3) 涉网设备台账应有专人或兼职人员管理。

（4）涉网单位宜对设备铭牌进行数码照片存档。

（5）涉网设备台账的存储形式以电子文档为宜，但应及时做好电子文档的备份工作。

5.1.2 涉网一次设备

涉网一次设备台账按表5－3单元分类建立。

表5－3 涉网一次设备台账单元

台账单元	内　　容
主变压器单元	包括主变压器及其附件、有载调压装置、断路器、隔离开关、电流互感器、避雷器、电压互感器等
站用变压器、接地变压器单元	包括断路器、隔离开关、电流互感器、电缆、站用变压器、接地变压器、消弧线圈、接地电阻等
无功补偿装置单元	包括调相机、并联电抗器组、并联电容器组、静态无功补偿装置
出线单元	包括断路器、隔离开关、线路并联电抗器、电流互感器、阻波器、线路CVT、耦合电容器、线路避雷器、电力电缆等
旁路单元	自动化设备
母联（母分）单元	通信设备
母线单元	包括电压互感器、避雷器、接地器、支柱绝缘子、母线等
直流单元	包括充电机、监控装置、绝缘监测装置、蓄电池、直流屏
站用电单元	包括进线断路器、备自投装置、站用电屏等

5.1.3 涉网继电保护设备

涉网继电保护设备台账按表5－4单元分类建立。

表5－4 涉网继电保护设备台账

台账单元	内　　容
线路保护单元	包括线路保护装置、开关操作箱、高频收发信机、光纤接口装置等
母线保护单元	包括母线保护装置等
母联（母分）保护单元	包括充电解列保护、过电流保护装置等
主变压器保护单元	包括主变压器保护装置、主变压器断路器操作箱等
故障录波器单元	包括录波器
保护信息子站单元	包括保护信息子站
安全自动装置单元	包括过载联切负荷装置、低压减载装置、备自投装置等
其他保护单元	如站用变压器保护、接地变压器保护、电容器保护、电抗器保护等

5.2 现 场 规 程

5.2.1 现场运行规程

1. 现场运行规程管理基本要求

涉网设备现场运行规程宜作为企业标准正式发布。

涉网设备现场运行规程应明确各种运行情况下的操作、检查，异常及事故情况下的处理原则和要求，应具有可操作性。

2. 现场运行规程的编写、修订、审核（定）、批准

涉网设备现场运行规程由涉网单位的运行部门起草，运行部门负责人或技术员审核，涉网单位技术负责人批准，并报相关电网调度部门备案。

现场运行规程每年审核一次，由涉网单位运行部门组织进行，运行部门负责人或技术员审核签名，并有“可以继续执行”的书面依据；一般性的修改[1]可随时进行，由涉网单位运行部门组织，运行部门负责人或技术员审核签名，并有规范的修改记录；若有重大或原则上的修改（指一般性以外的修改）时，应重新履行编制、审核、批准等规定手续。

现场运行规程每隔一定的周期进行一次重新修订、审批、出版，若有重大或原则上的修改时，应缩短修订、审批、出版时间。

经审批后的涉网设备现场运行规程应作为新建涉网设备投运时的必备条件之一，改建、扩建工程现场运行规程的修改，原则上与设备投运同步，最迟宜在设备投运后30天内完成审批，并报电网调度部门备案。

3. 现场运行规程的组成及编写内容

现场运行规程的组成部分及编写内容见表5-5。

表5-5 现场运行规程的组成部分及编写内容

规程组成部分	编 写 内 容
运行方式	涉网设备相关调度部门确定的正常的一、二次运行方式和变化的一、二次运行方式

[1] 一般性的修改是指不影响系统接线、运行方式、倒闸操作、事故处理的文字修改、设备参数改动、同类设备数量增减的修改。

续表

规程组成部分	编写内容
主变压器部分	(1) 监视、巡视检查的内容和注意事项。 (2) 变压器的异常、事故处理。 (3) 各类操作具体的要领、要求
配电装置（母线、断路器、隔离开关、TA、TV、耦合电容器、电力电缆、电力电容器）部分	(1) 监视、巡视检查的内容和注意事项。 (2) 维护、测试的周期及具体要求、注意事项。 (3) 各类操作具体的要领、要求。 (4) 配电装置（电力电缆、电容器）的异常、事故处理
二次保护部分	(1) 监视、巡视检查的内容和注意事项。 (2) 维护、测试的周期及具体要求、注意事项。 (3) 各类操作具体的要领、要求。 (4) 可能发生误动的原因以及相应的防范措施。 (5) 保护装置的异常、事故处理
自动装置部分	(1) 监视、巡视检查的内容和注意事项。 (2) 维护、测试的周期及具体要求、注意事项。 (3) 各类操作具体的要领、要求。 (4) 可能发生误动的原因以及相应的防范措施。 (5) 自动装置的异常、事故处理
事故处理部分	(1) 正常运行方式下，主要电源进线故障的事故处理预案。 (2) 正常运行方式下，各电压等级母线故障事故处理预案。 (3) 正常运行方式下，主变压器故障的事故处理预案。 (4) 正常运行方式下，站用电故障的事故处理预案。 (5) 开关室、控制室、继电保护小室、电缆房、蓄电池室、配电室火险的事故处理
防雷接地（防其他过电压）部分	(1) 防过电压设施的监视、巡视检查的内容和注意事项。 (2) 各类操作具体的要领、要求。 (3) 防过电压设施的异常、事故处理
防误装置部分	(1) 防误装置操作的注意事项及容易发生的故障。 (2) 防误装置巡视检查的内容和注意事项，维护周期及具体要求
综合控制（四遥、消防自动化）设备部分	(1) 监视、巡视检查的内容和注意事项。 (2) 各类操作具体的要领、要求。 (3) 综控（四遥、消防自动化）设备的异常、事故处理
直流系统部分	(1) 监视、巡视检查的内容和注意事项。 (2) 维护、测试的周期及具体要求、注意事项。 (3) 各类操作具体的要领、要求。 (4) 直流系统异常、事故处理

续表

规程组成部分	编写内容
站用电部分	（1）监视、巡视检查的内容和注意事项。 （2）维护、测试的周期及具体要求、注意事项。 （3）各类操作具体的要领、要求。 （4）站用电系统异常、事故处理
防小动物部分	（1）控制室、开关室、继电保护小室、电缆房、蓄电池室防小动物要求。 （2）防小动物设施维护要求。 （3）控制室、开关室、继电保护小室、电缆房、蓄电池室电力电缆、二次电缆通道的封堵处检查周期及具体要求、注意事项

4. 现场运行规程的编写依据

（1）行业安全规程；

（2）行业调度规程；

（3）电气设备、自动化装置等运行、检修、验收、设计规程（导则）；

（4）产品（厂家）说明书；

（5）行业和本单位颁发的运行操作规定和反事故措施等。

5.2.2 现场运行手册

现场运行手册的管理基本要求和编写、修订、审核（定）、批准流程同现场运行规程，不再赘述。

1. 现场运行手册的组成部分及编写内容

现场运行手册的组成部分及编写内容见表5-6。

表5-6 现场运行手册的组成部分及编写内容

手册组成部分	编写内容
主变压器部分	（1）主变压器、有载断路器型号，有载、无载断路器调压范围，大修周期。 （2）正常冷却方式下，冷却方式切换断路器的位置，工作、辅助、备用散热器的具体编号及倒换方案和周期。 （3）有载调压主变压器之间、有载调压主变压器与无载调压主变压器之间并列运行时，有载分接头具体挡位的要求
配电装置（母线、断路器、隔离开关、TA、TV、耦合电容器、电力电缆、电力电容器）部分	各电压等级设备型号，高压熔丝配置，大修周期

续表

手册组成部分	编 写 内 容
二次保护部分	（1）保护配置、各保护名称、型号，动作开关，保护范围，各保护对应的压板配备。 （2）保护、计量交直流熔丝配置的地点、排列位置。 （3）各保护的交流采样电压必须注明 TV 的详细命名，采样电流必须注明 TA 的极性端。 （4）对应各种运行方式下压板的投撤方式。 （5）每块光字牌动作的各种原因，各光字牌动作后分别应如何处理
自动装置部分	（1）自动装置的名称、型号，动作开关，启动条件，各自动装置对应的压板配置。 （2）二次熔丝配置的地点、排列位置。 （3）自动装置的交流采样电压必须注明 TV 的详细命名，采样电流必须注明 TA 的极性端。 （4）对应各种运行方式下压板的投撤方式。 （5）每块光字牌动作的各种原因，各光字牌动作后分别应如何处理
防雷接地（防其他过电压）部分	消谐、消弧装置名称、型号；维护、测试的周期
防误装置部分	（1）防误装置的型式（电气、机械、程序锁等）、型号，生产厂家电防误装置的熔丝配置地点。 （2）防误装置的程序配合。 （3）防误装置未实现程序闭锁的设备
综合控制（“四遥”、消防自动化）设备部分	（1）综合控制（“四遥”、消防自动化）设备的类型、型号。 （2）综合控制（“四遥”、消防自动化）设备所控制的一、二次设备。 （3）维护、测试的周期及具体要求、注意事项
直流系统部分	（1）整流器、蓄电池等直流设备的型号。 （2）合闸回路电缆沟的实际走向（必要时以图标示）。 （3）事故照明布置。 （4）直流盘熔丝配置的位置排列
站用电部分	（1）各站用变压器的型号，正常运行时分接头的挡位。 （2）站用盘自动控制及各台站用变压器互为备用的情况和要求。 （3）熔丝配置的位置排列。 （4）各负荷断路器所接的负荷设备。 （5）日负荷情况（电压、电流、电量），生产区照明位置
防小动物部分	控制室、开关室、继电保护小室、电缆房、蓄电池室电力电缆、二次电缆通道的封堵位置（必要时以图标示）
厂房土建部分	（1）站内排水系统情况（排水走向）。 （2）蓄油池位置、排油通道的具体位置和走向

2. 现场运行手册的编写依据

（1）产品（厂家）说明书；

（2）施工、设计图纸；

（3）电气设备、自动化装置等运行、检修、验收、设计规程（导则）。

5.3　应　急　预　案

5.3.1　编制

（1）针对可能发生的事故类别，结合各涉网发电厂、大用户的实际，以各单位主要负责人（或分管负责人）为应急预案编制的主要责任人，明确编制任务、职责分工，制订编制工作计划，完成应急预案的编制。

（2）应急预案应立足各涉网发电厂、大用户现状，结合各单位设备状况、接线方式、应急电源情况和人员处置能力，对应急设备、应急队伍等应急能力进行评估，充分利用现有应急资源，建立科学有效的应急预案体系。

（3）应急预案编制过程中，对于机构设置、预案流程、职责划分等具体环节，应符合各涉网发电厂、大用户的实际情况和特点，以保证预案的适应性、可操作性和有效性。

（4）应急预案编制完成后，应由各涉网发电厂、大用户主要负责人（或分管负责人）组织专业部门和人员进行评审，确保应急预案的正确性和可操作性。评审通过后，由各涉网发电厂、大用户主要负责人（或分管负责人）签署发布，并按规定报相应电力供电企业进行审核备案。

（5）各涉网发电厂、大用户应根据应急法律法规和有关标准变化情况、电网安全性评价和企业安全风险评估结果、应急处置经验教训等，及时评估、修改与更新应急预案，不断增强应急预案的科学性、针对性、实效性和可操作性，以提高应急预案的质量，不断完善应急预案体系。

（6）各涉网发电厂、大用户应每年进行一次应急预案修订。当各涉网发电厂、大用户所在电网网架发生变动或自身接线方式、设备改动时，应及时对应急预案进行修订，并及时将修订的应急预案向电力供电企业进行报备。

5.3.2　演练

（1）应急演练的目的是检验突发电力故障事件下各涉网发电厂、大用户应急处置的能力，以提高应急预案的针对性、实效性，完善突发电力故障事件应急机制，强化电力供电企业与各涉网发电厂、大用户之间的协调与配合。同时锻炼电力应急队伍，提高电力人员在紧急情况下妥善处置突发事件的能力。

（2）各涉网发电厂、大用户可根据需要成立应急演练工作小组，并明确演练工作职责、分工，协调应急演练的各项工作，以保障应急演练的顺利开展。

（3）各涉网发电厂、大用户应根据电力供电企业的要求，结合自身的实际，针对各单位接线方式和设备限额瓶颈等设备薄弱点，每年有规划性地进行联合反事故演练，以提高各单位的处置能力，完善突发事件的应急机制。

（4）各涉网发电厂、大用户应做好安全保障工作，设立安全保障人员全程监督应急演练全过程，针对应急演练过程中影响人身、设备和电网安全的行为，应及时制止，确保应急演练的安全、可靠。

（5）做好应急演练评估、总结工作。应急演练结束后应对应急演练的方案、组织、实施和效果等进行评估，评估的目的是确定应急演练已达到应急演练的目的和要求，检验相关人员的处置能力和应急预案的完善性。应急演练结束后，应完成总结报告，报告主要包括以下内容：

1）应急演练的基本情况；

2）应急演练的主要收获和经验；

3）应急演练中存在的问题及其存在的原因；

4）对应急预案和有关执行程序的改进建议；

5）对电网、设备和接线方式的改进建议；

6）对人员能力培训、学习和能力提升的建议。

6 涉网设备缺陷与故障处理

6.1 电 网 事 故 分 级

根据电力安全事故（以下简称事故）影响电力系统安全稳定运行或者影响电力（热力）正常供应的程度，事故分为特别重大事故、重大事故、较大事故和一般事故，事故等级划分见表 6－1。

表 6－1　　事 故 等 级 划 分

判定项	造成电网减供负荷的比例	造成城市供电用户停电的比例	发电厂或变电站因安全故障造成全厂（站）对外停电的影响和持续时间	发电机组因安全故障停运的时间和后果	供热机组对外停止供热的时间
特别重大事故	（1）区域性电网减供负荷 30％以上； （2）电网负荷20 000MW以上的省、自治区电网，减供负荷 30％以上； （3）电网负荷 5000MW 以上 20 000MW 以下的省、自治区电网，减供负荷 40％以上； （4）直辖市电网减供负荷 50％以上； （5）电网负荷 2000MW 以上的省、自治区人民政府所在地城市电网减供负荷 60％以上	（1）直辖市 60％以上供电用户停电； （2）电网负荷 2000MW 以上的省、自治区人民政府所在地城市 70％以上供电用户停电			

续表

判定项	造成电网减供负荷的比例	造成城市供电用户停电的比例	发电厂或变电站因安全故障造成全厂（站）对外停电的影响和持续时间	发电机组因安全故障停运的时间和后果	供热机组对外停止供热的时间
重大事故	（1）区域性电网减供负荷10%以上30%以下； （2）电网负荷20 000MW以上的省、自治区电网，减供负荷13%以上30%以下； （3）电网负荷5000MW以上20 000MW以下的省、自治区电网，减供负荷16%以上40%以下； （4）电网负荷1000MW以上5000MW以下的省、自治区电网，减供负荷50%以上； （5）直辖市电网减供负荷20%以上50%以下； （6）省、自治区人民政府所在地城市电网减供负荷40%以上（电网负荷2000MW以上的，减供负荷40%以上60%以下）； （7）电网负荷600MW以上的其他设区的市电网减供负荷60%以上	（1）直辖市30%以上60%以下供电用户停电； （2）省、自治区人民政府所在地城市50%以上的供电用户停电（电网负荷2000MW以上的，50%以上70%以下的供电用户停电）； （3）电网负荷600MW以上的其他设区的市70%以上供电用户停电			

续表

判定项	造成电网减供负荷的比例	造成城市供电用户停电的比例	发电厂或变电站因安全故障造成全厂（站）对外停电的影响和持续时间	发电机组因安全故障停运的时间和后果	供热机组对外停止供热的时间
较大事故	（1）区域性电网减供负荷7%以上10%以下； （2）电网负荷20 000MW以上的省、自治区电网，减供负荷10%以上13%以下； （3）电网负荷5000MW以上20 000MW以下的省、自治区电网，减供负荷12%以上16%以下； （4）电网负荷1000MW以上5000MW以下的省、自治区电网，减供负荷20%以上50%以下； （5）电网负荷1000MW以下的省、自治区电网，减供负荷40%以上； （6）直辖市电网减供负荷10%以上20%以下； （7）省、自治区人民政府所在地城市电网减供负荷20%以上40%以下； （8）其他设区的市电网减供负荷40%以上（电网负荷600MW以上的，减供负荷40%以上60%以下）； （9）电网负荷150MW以上的县级市电网减供负荷60%以上	（1）直辖市15%以上30%以下的供电用户停电； （2）省、自治区人民政府所在地城市30%以上50%以下供电用户停电； （3）其他设区的市50%以上供电用户停电（电网负荷600MW以上的，50%以上70%以下的供电用户停电）； （4）电网负荷150MW以上的县级市70%以上供电用户停电	发电厂或220kV以上变电站因安全故障造成全厂（站）对外停电，导致周边电压监视控制点电压低于调度机构规定的电压曲线值的20%并且持续时间30min以上，或者导致周边电压监视控制点电压低于调度机构规定的电压曲线值的10%并且持续时间1h以上	发电机组因安全故障停止运行超过行业标准规定的大修时间两周，并导致电网减供负荷	供热机组装机容量200MW以上的热电厂，在当地人民政府规定的采暖期内同时发生2台以上供热机组因安全故障停止运行，造成全厂对外停止供热并且持续时间48h以上

续表

判定项	造成电网减供负荷的比例	造成城市供电用户停电的比例	发电厂或变电站因安全故障造成全厂（站）对外停电的影响和持续时间	发电机组因安全故障停运的时间和后果	供热机组对外停止供热的时间
一般事故	（1）区域性电网减供负荷4%以上7%以下； （2）电网负荷20 000MW以上的省、自治区电网，减供负荷5%以上10%以下； （3）电网负荷5000MW以上20 000MW以下的省、自治区电网，减供负荷6%以上12%以下； （4）电网负荷1000MW以上5000MW以下的省、自治区电网，减供负荷10%以上20%以下； （5）电网负荷1000MW以下的省、自治区电网，减供负荷25%以上40%以下； （6）直辖市电网减供负荷5%以上10%以下； （7）省、自治区人民政府所在地城市电网减供负荷10%以上20%以下； （8）其他设区的市电网减供负荷20%以上40%以下； （9）县级市电网减供负荷40%以上（电网负荷150MW以上的，减供负荷40%以上60%以下）	（1）直辖市10%以上15%以下供电用户停电； （2）省、自治区人民政府所在地城市15%以上30%以下供电用户停电； （3）其他设区的市30%以上50%以下供电用户停电； （4）县级市50%以上供电用户停电（电网负荷150MW以上的，50%以上70%以下的供电用户停电）	发电厂或者220kV以上变电站因安全故障造成全厂（站）对外停电，导致周边电压监视控制点电压低于调度机构规定的电压曲线值5%以上10%以下并且持续时间2h以上	发电机组因安全故障停止运行超过行业标准规定的小修时间两周，并导致电网减供负荷	供热机组装机容量200MW以上的热电厂，在当地人民政府规定的采暖期内同时发生2台以上供热机组因安全故障停止运行，造成全厂对外停止供热并且持续时间24h以上

注 1. 符合本表所列情形之一的，即构成相应等级的电力安全事故。

2. 表中的“以上”包括本数，“以下”不包括本数。

3. 电网负荷，是指电力调度机构统一调度的电网在事故发生起始时刻的实际负荷。

4. 电网减供负荷，是指电力调度机构统一调度的电网在事故发生期间的实际负荷最大减少量。

5. 全厂对外停电，是指发电厂对外有功负荷降到零，即使电网经发电厂母线传送的负荷没有停止，仍视为全厂对外停电。

6. 发电机组因安全故障停止运行，是指并网运行的发电机组（包括各种类型的电站锅炉、汽轮机、燃气轮机、水轮机、发电机和主变压器等主要发电设备），在未经电力调度机构允许的情况下，因安全故障需要停止运行的状态。

6.2 事故处理原则

(1) 值班调度员为所管辖电网事故处理的指挥者，对事故处理的迅速、正确性负责，在处理事故时应做到以下四点：

1) 尽快限制事故的发展，消除事故根源，解除对人身和设备产生的威胁，防止稳定破坏、电网瓦解和大面积停电。

2) 用一切可能的方法保持设备继续运行，不中断或少中断重要用户的正常供电，首先应保证发电厂厂用电及变电站站用电。

3) 尽快对已停电的用户恢复供电，对重要用户应优先恢复供电。

4) 及时调整电网运行方式，并使其恢复正常运行。

(2) 事故处理时，发电厂及直供用户值班人员应服从值班调度员的指挥，迅速正确地执行值班调度员的调度指令。凡涉及对电网运行有重大影响的操作，如改变电网电气接线方式等，均应得到值班调度员的指令或许可。

(3) 在设备发生故障、系统出现异常等紧急情况下，发电厂及直供用户值班人员应根据值班调度员的指令完成故障隔离和系统紧急控制。双方在业务联系过程中，应使用标准的调度术语，严格遵守发令、复诵、录音、监护、记录等制度及相关安全规程要求。

(4) 为了防止事故扩大，凡符合下列情况的操作，可由发电厂及直供用户自行处理并迅速向值班调度员作简要报告，事后再作详细汇报：

1) 将直接威胁人员生命安全的设备停电。

2) 在确知无来电可能的情况下将已损坏的设备隔离。

3) 运行中设备受损伤已对电网安全构成威胁时，应根据现场事故处理规程的规定将其停用或隔离。

4) 厂用电全部或部分停电时，恢复其电源。

5) 整个发电厂或部分机组因故与电网解列，在具备同期并列条件时与电网同期并列。

6) 其他在现场规程中规定可不待值班调度员指令自行处理的操作。

(5) 电网事故处理的一般规定：

1) 电网发生事故时，发电厂及直供用户值班人员应立即清楚、准确地向值班调度员报告事故发生的时间、现象、跳闸断路器、运行线路潮流的异常变化、继电保护及安全自动装置动作、人员和设备的损伤以及频率、电压的变化等有关情况，并迅速联系人员尽快赶往现场进行详细检查及事故处理。

2）低频低压解列、母线差动、主变压器差动和重瓦斯等保护动作时，未经值班调度员发令不得对厂内设备进行强行恢复送电。

3）非事故单位，不得在事故当时向值班调度员询问事故情况，以免影响事故处理。应密切监视潮流、电压的变化和设备运行情况，防止事故扩展。如发生紧急情况，应立即报告值班调度员。

4）事故处理时，发电厂及直供用户值班人员应严格执行发令、复诵、汇报和录音制度，使用统一调度术语和操作术语，汇报内容应简明扼要。

5）事故处理期间，发电厂及直供用户的值班负责人应坚守岗位全面指挥，并随时与值班调度员保持联系。如确要离开而无法与值班调度员保持联系时，应指定合适的人员代替。

6）为迅速处理事故和防止事故扩大，值班调度员可越级发布调度指令，发电厂及直供用户值班人员应严格执行调度指令，但事后应尽快汇报设备所辖调度。

7）发电厂及直供用户值班人员根据调度指令处理电网事故时，只允许与事故处理有关的领导和专业人员留在值班室内，其他人员应迅速离开。必要时发电厂及直供用户单位可请有关专业人员到值班室协助指导处理事故。

8）电网事故处理完毕后，发电厂及直供用户应根据值班调度员要求提供相关事故处理资料，并按调度机构要求制定并落实相应的反事故措施。

9）事故调查工作按《国家电网公司安全事故调查规程》进行。

（6）为防止电网频率、电压降低和输变电设备严重超载引发电网连锁反应，发电厂及直供用户应及时更新并备案经政府主管部门批准的“超电网供电能力限电序位表”和“事故限电序位表”，做好事故预案，确保在电网供电能力不足或事故情况下快速执行限电，保障电网安全稳定运行。

（7）紧急缺陷作为事故类处理，发电厂及直供用户值班人员发现紧急缺陷应立即汇报并根据值班调度员的指令进行处理。

6.3 一次设备故障处理

电网故障是指电力系统在运行中，因某些原因引起对外设备停运、电网运行

异常或电气设备损坏的事件。

电网故障按照影响的范围大体可分为局部故障与系统故障两大类，见表 6-2。

表 6-2　电网故障类型及其影响范围

故障类型	影　响　范　围
局部故障	个别元件发生故障，局部电压发生变化，用户用电受到影响的事件
系统故障	系统内主干联络线跳闸或失去大电源，引起系统频率、电压急剧变化，造成电能供应数量和质量超过规定范围，甚至造成系统瓦解或大面积停电的事件

当系统发生故障时会有以下现象：

(1) 有较大的电气量变化，电流增大或减小，电压降低或升高，频率降低或表计严重抖动；

(2) 站内短路事故有较大的爆炸声，甚至燃烧，设备有故障痕迹，如设备损坏，绝缘损坏，断线，设备上有电弧烧伤痕迹或瓷瓶闪络痕迹，室内故障有较大的浓烟，注油设备出现喷油、变形、焦味、火灾等；

(3) 保护及自动装置启动，并发出相应的事故或预告信号，故录装置启动并开放；

(4) 断路器动作调整，事故音响启动；

(5) 照明出现异常，短时暗、闪光、熄灭或闪亮。

电力系统常见故障如图 6-1～图 6-4 所示。

图 6-1　三相弧光短路

图 6-2　单相接地短路

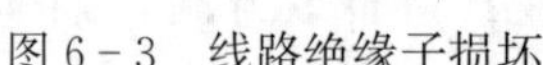
图 6-3　线路绝缘子损坏

图 6-4　高压熔丝熔断

引起电力系统故障的原因多种多样，主要有以下 3 个方面：

(1) 外力破坏，如自然灾害等；

(2) 设备原因，如设备缺陷、管理维护不当、检修质量不好等；

(3) 人为原因，如运行方式不合理、继电保护误动作和工作人员失误等。

6.3.1　线路故障及处理

输电线路作为电力输送的“高速公路”，在电网中有着极其重要的地位。尤其是发电厂及大用户，其线路配置的冗余度往往不高，线路 $N-1$ 故障后的 $N-2$ 故障承受力不够，因而更应加快线路故障的处理，使发电厂及大用户尽早恢复与电网的正常连接方式。

由于电力线路空间跨度大，周围环境又不易控制，因而发生故障的概率较高，不同的分类方法，线路故障不同，见表 6-3。

表 6-3　　线路故障的分类方法及其描述

分类方法	故 障 描 述
按持续时间划分	(1) 瞬时性故障：这类故障由继电器保护动作断开电源后，故障点的电弧自行熄灭、绝缘强度重新恢复消除，此时若重新合上线路断路器，就能恢复正常供电，发生概率较高。 (2) 永久性故障：一种影响设备运行，不采取措施就不能恢复设备正常运行的故障，发生概率较低

续表

分类方法	故 障 描 述
按故障相别划分	（1）单相接地故障：故障相电流增大、电压降低；非故障相电压、电流升高；出现负序、零序电压或电流。 （2）两相相间短路：故障相电流增大、电压降低；非故障相电压、电流升高；出现负序电压或负序电流。 （3）两相接地短路：故障相电流增大、电压降低；故障相电压、电流升高；出现负序、零序电压或电流。 （4）三相短路故障：故障相电流增大、电压降低；未出现负序、零序电压或电流
按故障形态划分	（1）短路故障：线路最常见也是最危险的故障形态。 （2）断线故障：发生概率较低

1. 线路常见故障

当发生线路故障后，监控系统报警，系统电流、电压波动，故障线路断路器跳闸，监控系统跳闸开关状态显示变位闪光，电流、负荷指示0，重合闸动作重合成功开关状态显示闪光，故障线路保护动作，保护装置显示动作信息及相应信号灯亮，故障点有声、光或设备损坏等故障现象。如果是中性点不接地系统发生了单相接地故障，则会出现母线接地信号，同时相电压发生变化（故障相相电压变为0或接近于0，其他相相电压上升为线电压），开口三角出现零序电压。

2. 线路常见故障原因

造成线路故障的因素较多，总结起来主要有以下4个方面：

（1）电气设备及载流导体因绝缘老化，或遭受机械损伤，或因雷击、过电压引起绝缘损坏；

（2）架空线路因大风或导线覆冰引起电杆倒塌等，或因鸟兽跨接裸露导体等；

（3）电气设备因设计、安装及维护不良导致设备缺陷所引发的短路；

（4）运行人员违反安全操作规程而误操作，如带负荷拉隔离开关，线路或设备检修后未拆除接地线就加上电压等。

发电厂和大用户的运行人员应能根据保护及自动装置的动作情况分析判断故障性质和故障范围，见表6－4。

表 6-4　　保护及自动装置故障分析

保护及自动装置的动作情况		故障性质和故障范围
保护的动作元件	Ⅰ段动作	故障点应在线路的前半部分
	Ⅱ段动作	故障点一般应在线路的后半部分或下一线路首端
	Ⅲ段动作	故障点应在下一线路甚至更远处
重合是否成功	重合成功	瞬时性故障
	重合失败	永久性故障
若保护未动作而断路器跳闸，且同时电流、电压无波动		可能是断路器偷跳（特别是伴有直流接地时）

3. 线路常见故障处理原则

(1) 当线路发生故障后，应按以下原则处理：

1) 根据监控系统报警信号（断路器跳闸及保护动作情况）判断故障范围及故障性质，汇报调度及有关领导。汇报内容有：故障时间及跳闸断路器；继电保护及自动装置动作情况，故障相别及测距；频率、电流、电压、潮流变化及设备过载情况；人身安全及设备运行异常情况等。汇报要简明扼要，无关信息不必汇报。

2) 无论重合成功与否，值班人员都应立即检查保护装置动作情况与监控系统报警信号是否相符，故障范围内设备有无异常现象，汇报调度及有关领导，并做好记录。有两人在场确认方可复归信号。

3) 若重合闸因故未投或拒动时，根据有关规程规定及设备实际情况可强送电一次。

4) 重合闸动作重合不成功的重要线路，根据调度指令或有关规定可强送电一次。

5) 判断为断路器偷跳重合闸不成功时，消除断路器偷跳原因后送电。

6) 发现明显故障点、跳闸断路器有异常现象时，全电缆线路不得强送电，空载线路不应强送电，低频低压减载动作切除的线路不得强送电，有小电源的线路送电应防止非同期合闸，达到规定跳闸次数的断路器强送电应经有关领导或技术负责人批准。

7) 断路器合闸送电前应复归保护信号。

8) 值班人员做好记录，当断路器允许切断故障次数与实际故障跳闸次数之差小于两次时，汇报调度停用重合闸。

9) 中性点不接地系统的单相接地短路为非正常运行状态，一般可坚持运行 2h。

(2) 当联络线输送潮流超过线路或线路设备的热稳定、暂态稳定或继电保护等限额时，应迅速降至限额之内，处理方法如下：

1) 增加该联络线受端发电厂的出力；

2) 降低该联络线送端发电厂的出力；

3) 在该联络线受端进行限电或拉电，值班调度员应按电网实际运行情况合理确定拉、限电地点和数量；

4) 改变电网接线，使潮流强迫分配。

4. 线路常见故障处理注意事项

(1) 线路跳闸后，线路强送电的处理原则：线路跳闸后（包括重合闸不成功），为加速事故处理，值班调度员可不查明事故原因，在确认站内间隔设备无异常后可立即进行一次强送电（确认永久性故障者除外）。对于新启动投产的线路和全电缆线路，一般不进行强送电。若要对新投产的线路进行跳闸后强送电，最终应得到启动总指挥的同意。非全电缆线路（部分是架空线路）重合闸正常时，是否投跳应在线路投产时予以明确，线路跳闸后是否进行强送电应根据故障点的判断而定。

在对故障线路强送电前，应考虑以下事项：

1) 正确选择强送电端，防止电网稳定遭到破坏。在强送电前，有关主干线路的输送功率应在规定的限额内。

2) 强送电的断路器设备要完好，并尽可能具有全线快速动作的继电保护。

3) 对于大电流接地系统，强送电端变压器的中性点应接地，如对带有终端变压器的 220kV 线路强送电，其终端变压器中性点应接地。

4) 联络线路跳闸，强送电一般选择在大电网侧。如果强送电不成，值班调度员为处理电网事故还可再强送电一次，但一般宜采用零起升压的办法。

5) 如果跳闸属多级或越级跳闸的，根据情况可分段对线路进行强送电。

6) 终端线路跳闸后，重合闸不动作，在确定线路无电的情况下，变电运维站（班）人员可不经调度指令立即强送电一次。如果强送电不成，根据值班调度员指令可以再试送一次，充电线路跳闸后，应立即报告值班调度员，听候处理。

7) 重合闸停用的线路跳闸后，调度机构值班调控员、变电运维站（班）或发电厂运行人员应立即汇报调度机构值班调控员，由调度机构值班调控员决定是否强送电。

8) 设备主管单位每年应根据电网短路电流计算结果校核断路器允许切除故障

的次数，将结果上报调度机构，并作为修订现场规程的依据。每相断路器实际切除的次数，现场值班人员应做好记录并保持准确。线路跳闸能否送电，强送电成功是否需停用重合闸，断路器切除次数是否已到规定数，发电厂、变电站或变电运维站（班）值班人员应根据现场规定，向有关调度汇报并提出要求。

有带电作业的线路故障跳闸后，强送电规定如下：

1）有关单位未向相应调度机构值班调度员提出故障跳闸后不得强送电的按上述有关规定，可以进行强送电。

2）已向相应调度机构值班调度员提出要求停用重合闸或线路跳闸后不经联系不得强送电的，现场工作负责人一旦发现线路上无电时，不管何种原因，均应迅速报告有关调度，说明能否进行强送电，由地调值班调度员决定是否强送电。

3）对重合闸或强送电有要求的线路带电作业，应在得到值班调度员许可后，才能开始工作，带电作业结束后应及时汇报。

（2）线路跳闸后，可根据以下原则正确选择强送电端：

1）尽量避免用发电厂或重要变电站侧断路器强送电；

2）强送电侧远离故障点；

3）强送电侧短路容量较小；

4）断路器切断故障电流的次数少或遮断容量大；

5）有利于电网稳定；

6）有利于事故处理和恢复正常方式。

6.3.2 母线故障及处理

1. 母线常见故障

母线常见故障可分为母线失电与母线故障跳闸两大类。母线失电是指母线本身无故障而失去电源；母线故障跳闸是指母线本身故障，连接母线的进线和出线断路器均跳闸。详见表 6－5。

表 6－5　母线常见故障

故障类型	故障现象
母线失电	（1）该母线的母线差动保护不动作，无母线短路时的爆炸声，母线上无故障； （2）该母线上的断路器均未跳闸或只有电源断路器跳闸； （3）该母线的电压表指示消失； （4）该母线的各出线及变压器负荷消失，电流表、功率表指示为零； （5）该母线所供厂用电或站用电失电

续表

故障类型	故　障　现　象
母线故障跳闸	（1）监控系统报警； （2）故障母线各元件断路器及母联断路器跳闸，断路器状态显示变位，电流、功率指示 0； （3）跳闸母线电压指示 0，母线保护装置显示动作信息及信号灯亮； （4）故障点有声、光或设备损坏等故障现象

2. 母线常见故障原因

（1）母线失电的主要原因：

1）电源进线保护动作跳闸，造成母线失电；

2）线路故障但线路保护拒动或断路器拒跳，越级跳闸使母线失电；

3）人员误操作或误碰造成母线失电；

4）上一级电源消失造成母线失电。

（2）母线故障跳闸的主要原因：

1）母线绝缘子发生闪络故障；

2）母线上所接电压互感器、避雷器故障；

3）各出线电流互感器之间的断路器绝缘子发生闪络故障；

4）连接在母线上的隔离开关绝缘损坏或发生闪络故障；

5）母线差动保护误动；

6）二次回路故障。

3. 母线常见故障处理原则

母线故障相对于输电线路故障来说，发生的概率较小，而且瞬时性故障的可能性也较小，但由于母线故障后，连接于母线上的断路器均断开，电网的结构发生重大变化，往往会导致发电机的解列跳闸或用户大范围的停电；同时，如果对母线故障处理不当，未有效隔离故障点，极易导致另一条正常运行的母线跳闸，造成故障范围扩大。因此正确判断事故性质，及时隔离故障设备，尽快恢复正常设备的供电尤为重要。

母线失电一般是由电网故障，继电保护误动或该母线上出线、变压器等设备本身保护拒动，使连接在该母线上的所有电源越级跳闸所致。判别母线失电的依据是同时出现以下现象：

1）该母线的电压表指示消失；

2）该母线的各出线及变压器负荷消失（主要看电流表指示为零）；

3）该母线所供厂用电或站用电失电。

（1）母线失电处理原则。用户母线失电后，为防止各电源突然来电引起非同期事故，现场值班人员应按以下原则自行处理：

1）单母线应保留一台电源断路器，其他所有断路器（包括主变压器和馈供断路器）全部拉开。

2）双母线应首先拉开母联断路器，然后在每一组母线上只保留一台主电源断路器，其他所有断路器（包括主变压器和馈线断路器）全部拉开。

3）如果停电母线上的电源断路器中仅有一台断路器可以并列操作，则该断路器一般不作为保留的主电源断路器。

4）变电站母线失电后，保留的主电源断路器由上级调度机构定期发布。

发电厂母线失电后，现场值班人员应按以下原则自行处理：

1）立即拉开失压母线上全部电源开关，同时设法恢复受影响的厂用电。

2）有条件时，利用本厂机组对母线零起升压，成功后将发电厂（或机组）恢复与系统同期并列。

3）如果对停电母线进行试送，应尽可能用外来电源。

当变电站母线电压消失时，经判断并非由于本变电站母线故障或线路故障断路器拒动所造成，现场值班人员应立即向值班调度员汇报，并根据调度要求自行完成下列操作：

1）单电源变电站，可不作任何操作，等待来电。

2）多电源变电站，为迅速恢复送电并防止非同期合闸，应拉开母联断路器或母分断路器并在每一组母线上保留一个电源开关，其他电源开关全部拉开（并列运行变压器中、低压侧应解列），等待来电（涉及黑启动路径的变电站按本地区当年的“黑启动厂站保留开关表”执行）。

3）馈电线断路器一般不拉开。发电厂或变电站母线失电后，现场值班人员应根据断路器失灵保护或出线、主变压器保护的动作情况检查是否系本厂、站断路器或保护拒动，若查明系本厂、站断路器或保护拒动，则将失电母线上的所有断路器拉开，将无法拉开的断路器隔离，然后利用主变压器或母联断路器恢复对母线充电。充电前至少应投入一套速动或限时速动的充电解列保护（或临时改定值）。

（2）母线故障跳闸处理原则。现场值班人员应立即汇报调度当值，并对停电的母线进行外部检查，尽快把检查的详细结果报告调度员。处理母线故障跳闸事件应遵循以下原则：

1）不允许对故障母线不经检查即行强送电，以防事故扩大。

2）找到故障点并能迅速隔离的，在隔离故障点后应迅速对停电母线恢复送电，有条件时应考虑用外来电源对停电母线送电，联络线要防止非同期合闸。

3）找到故障点但不能迅速隔离的，若系双母线中的一组母线故障时，应迅速对故障母线上的各元件检查，确认无故障后，冷倒至运行母线并恢复送电（先拉后合的方式），联络线要防止非同期。

4）经过检查找不到故障点时，应用外来电源对故障母线进行试送电，禁止将故障母线的设备冷倒至运行母线恢复送电。其中发电厂母线故障如条件允许，可对母线进行零起升压，一般不允许发电厂用本厂电源对故障母线试送电。

5）双母线中的一组母线故障，用发电机对故障母线进行零起升压时，或用外来电源对故障母线试送电时，或用外来电源对已隔离故障点的母线先受电时，均需注意母线差动保护的运行方式，必要时应停用母线差动保护。

4. 母线常见故障处理注意事项

（1）尽量不用母联断路器试送母线，若必要时，其母联断路器必须有完备的继电保护。

（2）严防非同期合闸，有电源的线路操作必须由调度指挥。

（3）经判断是由连接在母线上的元件故障越级造成时，即将故障元件切除，然后恢复母线送电。

（4）当母线故障造成系统解列成几个部分时，应尽快检查中性点运行方式，保证各部系统有适当的中性点运行。

6.3.3 变压器故障及处理

变压器没有转动部分，与其他电气设备相比，它的故障比较少。但是，变压器一旦发生事故，则可能会中断对部分客户的供电，修复变压器所用的时间很长，会造成严重的经济损失。为了确保安全运行，运行人员要加强运行监视，做好日常维护工作，将事故消灭在萌芽状态。万一发生事故，应能正确地判断原因和性质，迅速、正确地处理事故，防止事故扩大。

正常运行状态下的变压器应该声音正常、连续、均匀、无杂声；各参数运行在铭牌规定范围内；油流正常，无渗漏现象。

1. 变压器常见故障

变压器发生的常见故障，可分为内部故障、外部故障、附属设备引发的故障及越级和穿越故障 4 种类型，见表 6-6。

表 6-6　　变压器故障类型及其危害

故障类型	典型故障	危　害
内部故障	(1) 各侧绕组的相间短路故障； (2) 中性点直接接地绕组的单相接地短路； (3) 各侧绕组的匝间短路； (4) 铁芯发热烧毁	产生电弧，引起主绝缘烧毁，绝缘油分解，内压增大，还有可能引起油箱爆炸起火
外部故障	(1) 变压器套管及引出线的相间短路以及接地短路； (2) 各侧差动电流互感器以内、油箱以外的一次设备故障	不仅会引起变压器绕组过热，而且由于短路电流大，还有可能会引起变压器绕组动稳定的破坏，造成严重的内部故障
附属设备引发的故障	(1) 冷却系统故障引起变压器油温升高，绕组及铁芯过热； (2) 调压开关系统故障引起局部绕组过热； (3) 调压开关灭弧机构不良引起内部故障； (4) 漏油引起油面下降； (5) 变压器油质不正常，主要表现在含水量超过规定值、可燃性气体超过规定值以及其他化学成分的比例超过规定值等，影响变压器的绝缘性能	附属设备的故障导致主变压器内部绕组、铁芯、绝缘油温度不正常升高，加速绝缘材料老化，缩短变压器使用寿命。重要附属设备严重故障时，可能会直接引发变压器内部故障，造成变压器跳闸事故
越级和穿越性故障	(1) 区外故障导致主变压器越级跳闸； (2) 穿越性故障导致主变压器差动保护误动； (3) 近区故障导致主变压器内部故障	穿越性短路可能会引起变压器绕组动稳定性破坏与热稳定性破坏，引发严重的内部故障

2. 变压器常见故障原因

造成变压器不正常运行和事故的原因主要有以下 4 个方面：

(1) 制造缺陷，包括设计不合理，材料质量不良，工艺不佳；运输，装卸和包装不当；现场安装质量不高。

(2) 运行或操作不当，过负荷运行、系统故障时承受故障冲击；运行的外界条件恶劣，如污染严重、运行温度高。

(3) 维护管理不善或不充分。

(4) 雷击、大风天气被异物砸中、动物危害等其他外力破坏。根据各保护动作

情况来看，可能的原因见表 6－7。

表 6－7　　保护动作情况及其原因

保护动作情况	原　　因
轻瓦斯保护动作	(1) 变压器内部有较轻微故障产生气体； (2) 变压器内部进了空气； (3) 外部发生穿越性短路故障； (4) 油位严重降低至气体继电器以下； (5) 直流多点接地、二次回路短路； (6) 受强烈震动影响； (7) 气体继电器本身问题
重瓦斯保护动作	(1) 变压器内部严重故障； (2) 二次回路问题误动作； (3) 呼吸系统不畅通； (4) 外部发生穿越性短路故障（浮筒式气体继电器可能误动）； (5) 变压器附近有较强的震动
差动保护动作	(1) 变压器内部故障； (2) 变压器及其套管引出线，各侧差动电流互感器以内的一次设备故障； (3) 保护整定或二次回路问题误动作； (4) 差动电流互感器二次开路或短路； (5) 励磁涌流的作用

3. 变压器常见故障处理原则

当变压器发生跳闸故障后，应按以下原则处理：

(1) 变压器断路器跳闸时，值班调度员应根据变压器保护动作情况进行处理。

(2) 如有并列运行的变压器，应首先监视运行变压器的过载情况，并及时调整。

(3) 对有备用变压器的厂、站，不必等待调度指令，应迅速将备用变压器投入运行。

(4) 应将中性点未接地的变压器中性点接地，并相应改变主变压器不接地零序保护、接地零序保护的运行方式。

(5) 重瓦斯保护和差动保护同时动作跳闸时，未查明原因和消除故障之前不得强送电。

(6) 差动保护动作跳闸，经外部检查无明显故障，变压器跳闸时电网又无冲击，如有条件可用发电机零起升压。如电网急需，经设备主管公司生产分管领导同意可试送一次。

(7) 重瓦斯保护动作跳闸后，即使经外部检查和瓦斯气体检查无明显故障也不允许强送电。除非已找到确切依据证明重瓦斯保护为误动，方可强送电。如找不到确切原因，则应测量变压器线圈的直流电阻，进行油的色谱分析等补充试验证明变压器良好，经设备主管公司生产分管领导同意后才能强送电。

(8) 变压器后备保护动作跳闸，经外部检查无异常时可以强送电一次。

(9) 变压器过负荷及其他异常情况，按现场规程规定进行处理。

(10) 变压器故障跳闸，可能造成电网解列，在试送变压器或投入备用变压器时，必须按值班调度员指令试送，防止造成非同期并列。

(11) 强迫油循环冷却的电力变压器，当冷却器全停造成主变压器掉闸时，在冷却装置故障未消除前不得投入运行。

(12) 变压器正常运行和事故时允许的过负荷，应按现场规程规定执行。

4. 变压器常见故障处理注意事项

(1) 转移负荷的过程中，应尽量注意避免线路与其他相邻主变压器的过负荷。

(2) 对于110kV及以下用户变压器，由于中低压侧母线一般没有母线差动保护，故母线故障，主要靠变压器的后备保护动作跳闸，故当这类主变压器的后备保护动作时要检查相应母线的情况及母线上出线断路器保护的动作情况。

(3) 主变压器是保护配置最复杂、最完善的设备，由多种不同原理构成的主变压器保护对不同类型的故障往往呈现不同的灵敏度和动作行为。因此，通过保护动作情况和动作行为分析，结合现场检查情况，一般情况下可对主变压器故障的性质、范围作出基本的判断。在进行故障的分析与判断时，应优先考虑下列情况，以设法排除内部故障的可能，为尽快恢复供电提供前提条件和争取时间。

1) 是否存在区外故障越级的可能；

2) 是否存在下级线路故障拒跳造成越级跳闸的可能；

3) 是否存在保护误动或误碰的可能；

4) 是否存在误操作的可能；

5) 主变压器回路中辅助设备故障的可能。

(4) 变压器故障跳闸，可能造成电网解列，在试送变压器或投入备用变压器时，要防止非同期并列。

6.3.4 断路器故障及处理

1. 断路器常见故障

断路器本身常见的故障有分、合闸闭锁，断路器拒分，断路器拒合，具有分

相操动机构的断路器三相不一致等。其故障现象及其危害见表6-8。

表6-8　　断路器故障现象及其危害

故障现象	故障危害
断路器拒分闸	造成上一级断路器的越级跳闸或邻近元件断路器跳闸，扩大事故停电范围，通常会造成严重的电网事故
断路器拒合闸	若在正常操作中出现拒合，则会影响相关设备的复役时间；若发生在重合闸期间，则会造成线路停电
断路器非全相运行	不对称的运行状态可能会引起负序、零序电流，对电力元件，尤其是发电机危害较大

2. 断路器常见故障原因

(1) 断路器未及时安排检修或运维不完善，造成 SF_6 压力低而闭锁分合闸；

(2) 断路器机械操作结构出现卡涩等问题；

(3) 跳线圈、合闸线圈烧毁或断线；

(4) 相关继电器的接点粘连，误发信造成闭锁分、合闸。

3. 断路器常见故障处理原则

(1) 线路无故障，断路器在运行中出现闭锁合闸、闭锁分闸时应及时汇报调度人员，根据情况拉开此断路器；断路器闭锁分闸现场采取措施无效时，应尽快采取以下措施，将闭锁断路器从运行中隔离：

1) 有专用旁路或母联兼旁路断路器的厂站，应采用旁路代方式使断路器隔离；

2) 用母联开关串故障开关，使故障开关停电；

3) 母联断路器故障，可用某一元件隔离开关跨接两母线（或倒单母线），然后拉开母联断路器两侧隔离开关。

(2) 根据断路器在运行中出现不同的非全相运行情况，分别采取如下措施：

1) 断路器单相跳闸，造成两相运行，厂站值班员应立即手动合闸一次，合闸不成应尽快拉开其余两相断路器；

2) 运行中断路器两相断开，应立即将断路器拉开；

3) 线路非全相运行断路器采取1)、2) 措施仍无法拉开或合入时，应立即拉开对侧断路器，然后就地拉开断路器；

4) 发电机出口断路器非全相运行时，应迅速将该发电机的有功、无功出力至零，然后进行处理；

5）母联断路器非全相运行时，应立即调整降低母联断路器电流，然后进行处理，必要时应将一条母线停电。

(3) 线路故障，断路器拒动越级事故处理原则如下：

1）线路故障断路器拒动，造成越级掉闸母线无电时，不必进行母线外部检查。在恢复系统送电前，应将发生拒动的断路器脱离系统并保持原状，待查清拒动原因并消除缺陷后方可投入。

2）35kV及以下系统，一般为主变压器低后备保护动作，跳开分段及低压总断路器。停用10kV备自投，恢复站用电后，立即拉开故障线路断路器两侧隔离开关（小车柜需手动分闸后，拉出小车），拉开电容器、调相机、音频设备、并列线路的断路器等所属线路断路器，立即试送所属主变压器低压总断路器，然后向值班调度员汇报。根据命令试送其他无故障设备。有旁路断路器者可用其试送一次故障线路。

3）110kV系统一般为主变压器中后备保护动作，跳开分段及低压总断路器。试送母线可以投入母联断路器充电保护，用母联断路器试送母线。

4. 断路器故障处理注意事项

(1) 处理断路器拒动时，如需对母线进行倒排，应将母联断路器改为非自动（取下母联断路器的操作电源），防止带负荷拉隔离开关事故的发生。

(2) 非全相运行断路器在拉开或合上后要核实其机械指示、监控后台指示及电压、电流变化情况，确保断路器操作到位，防止假分、假合。

(3) 拒动的断路器应尽量保持原状，以便于查找拒动原因。

6.3.5 隔离开关故障及处理

1. 隔离开关常见故障

隔离开关是高压开关的一种，它的主要用途是：将检修的电气设备与其他带电部分之间构成足够大的可见空气绝缘间隔，以保证检修工作的安全。隔离开关常见的故障如下：

(1) 隔离开关电动操作失灵；

(2) 隔离开关触头、接点过热；

(3) 隔离开关合闸不到位或三相不同期；

(4) 隔离开关触头熔焊变形、绝缘子破裂、严重放电等。

2. 隔离开关常见故障原因

（1）隔离开关常安装在户外，即使安装在室内其动静触头也暴露在空气中，因此其触头的氧化现象较常见，往往会导致接触电阻过大进而引起的触头、接点过热。

（2）隔离开关操动机构锈蚀、卡涩导致三相不同期、操作不到位等。

（3）隔离开关五防继电器触点粘连，导致电气闭锁无法操作。

（4）电动操动机构的隔离开关存在电机回路问题，造成机构失灵。

（5）部分操作人员对设备不熟悉，进行操作时未合上隔离开关的操作电源，导致电动隔离开关无法操作。

3. 隔离开关常见故障处理原则

（1）隔离开关电动操作失灵后，首先检查操作有无差错，然后检查操作电源回路、动力电源回路是否完好，熔断器是否熔断或松动，电气闭锁回路是否正常。

（2）隔离开关触头、接点过热时，需立即设法申请调度减负荷（用于供用户自己负荷的，应由用户自己降低负荷）。严重过热时，应转移负荷，然后停电处理。转移负荷可根据不同的接线方式分别处理，如带有旁路断路器接线的可用旁路断路器倒换；双母线接线的可将另一个隔离开关合上，然后拉开有过热缺陷的隔离开关。对于母线侧隔离开关的过热触头、接点，在拉开隔离开关后，经现场察看，满足带电作业安全距离的，可带电解掉母线侧引下线接头，然后进行处理。

（3）隔离开关合闸不到位，多数是机构锈蚀、卡涩、检修调试未调好等原因引起的。发生这种情况时，可拉开隔离开关再次合闸，220kV 隔离开关可用绝缘棒推入。必要时，申请停电处理。

（4）当发现隔离开关触头熔焊变形、绝缘子破裂、严重放电等，应立即进行停电处理，在停电处理前应加强监视。

4. 隔离开关常见故障处理注意事项

（1）就地进行隔离开关操作时，应戴好安全帽，绝缘手套，穿好绝缘靴。

（2）操作前应确保断路器在分闸位置，以防止带负荷拉、合隔离开关；如误操作导致带负荷拉、合隔离开关时，按以下方式处理：

1）带负荷合隔离开关时，即使发现合错，也不准将隔离开关再拉开，因为带负荷拉隔离开关，将造成三相弧光短路事故；

2）带负荷错拉隔离开关时，刀片刚离开固定触头时，便会发生电弧，这时应立即合上，可以消除电弧，避免事故，但如果隔离开关已全部拉开，则不许将误拉的隔离开关再合上。

(3) 应检查相应接地开关确已拉开并分闸到位，确认送电范围内接地线已拆除，如果接地开关分闸不到位便会引发带接地刀闸合闸事故。

6.3.6 互感器故障及处理

1. 互感器常见故障

互感器可分为电压互感器与电流互感器，其主要作用是将一次设备的高电压、大电流转换为二次次侧的低电压、小电流，将测量仪表和继电器同高压线路隔离，以保证操作人员和设备的安全，同时扩大仪表和继电器的使用范围，使测量仪表和继电器的电流和电压规格统一，以利于仪表和继电器的标准化。

互感器常见的故障如下：

(1) 电压互感器高压熔丝熔断；

(2) 互感器内部发出异声、过热，并伴有冒烟及焦臭味；

(3) 互感器严重漏油，瓷质损坏或有放电现象；

(4) 互感器出现喷油着火或流胶现象；

(5) 金属膨胀器的伸长度明显超过对应环境温度时规定的伸长度；

(6) 三相指示不平衡。

2. 互感器常见故障原因

互感器常见故障的引起原因有以下几点：

(1) 一次绕组受潮，导致绝缘性能下降；

(2) 互感器过负荷，烧毁绕组；

(3) 接线柱松动、开焊、虚焊、二次引线断；

(4) 系统中高次谐波引起谐振，导致高压熔丝熔断；

(5) 运行后维护不当，导致互感器损坏；

(6) 一次设备参数匹配不当（如高压熔丝容量过小）。

3. 互感器常见故障处理原则

(1) 电流互感器发生异常时，应按以下原则处理：

1) 采取必要手段，如调整运行方式改变潮流分布，降低发电机出力等，迅速降低通过电流互感器的一次电流。

2) 采用旁路代方式或将相关设备停电，隔离故障电流互感器。

3）紧急处理时可直接拉停相关断路器，但必须注意调整保护。

（2）电压互感器发生异常情况可能发展成故障时，应按以下原则处理：

1）不得用近控方法操作异常运行的电压互感器的高压隔离开关。

2）不得将异常运行的电压互感器的次级回路与正常运行的电压互感器次级回路进行并列。

3）不得将异常运行的电压互感器所在母线的母差保护停用或将其改为非固定连接（单母线差动保护方式）。

4）运行的电压互感器高压隔离开关可以远控操作时，可用高压隔离开关进行远控隔离。

5）线路电压互感器无法采用高压隔离开关进行隔离时，可用断路器切断其所在母线的电源，然后隔离故障电压互感器。

6）电压互感器无法采用高压隔离开关进行隔离时，直接用停役线路的方法隔离故障电压互感器。此时的线路停役操作，应正确选择解环端。对于联络线，一般选择用对侧断路器进行线路解环操作。电压互感器高压侧隔离开关可以远控操作时，应用高压侧隔离开关远控隔离。

7）过程中发生电压互感器谐振时，应立即破坏谐振条件，并在现场规程中明确。

4. 互感器常见故障处理注意事项

（1）在互感器缺陷处理停役过程中，电压互感器二次侧严禁短路，电流互感器二次侧严禁开路。

（2）在处理电压互感器异常的过程中，异常互感器相关的电压回路，如距离保护、功率方向保护、低压保护、自投装置及低压解列装置等，做好相应保护及自动装置的调整。

（3）线路电压互感器停用还应考虑对线路重合闸的影响，联络线的重合闸装置需停用，发电厂联络线应停用重合闸或改由另一通道并网。

（4）更换电压互感器熔断器时应更换同容量熔断器，更换后再熔断，进行试验检查。

6.3.7 发电机故障及处理

（1）发电机常见故障见表 6－9。

表 6-9　　发电机常见故障

常见故障	故障现象
发电机过负荷	(1) 发电机定子电流超过额定值； (2) 当定子电流超过额定值 1.1 倍时，发电机的过负荷保护将动作发出报警信号，警铃响，机组发“发电机过负荷”信号，计算机有报警信号； (3) 发电机有功、无功负荷及转子电流超过额定值
发电机转子回路一点接地	警铃响，机组发“转子一点接地”信号，计算机有报警信号，表记指示无异常
发电机转子回路两点接地	(1) 警铃响，机组发“转子接地”信号，计算机有报警信号； (2) 转子电流异常增大，转子电压降低； (3) 无功功率表指示降低，功率因数可能进相，有功负荷可能降低； (4) 由于磁场不平衡，机组有剧烈振动声； (5) 严重时，失磁保护有可能动作
发电机温度过高	(1) 上位机发“机组温度过高”信号； (2) 发电机定子线圈、定子铁芯或冷、热风温度高于额定值
发电机转子回路断线	(1) 警铃响，发“失磁保护动作”信号，计算机有报警信号； (2) 发电机转子电流表指针向零方向摆动，励磁电压升高； (3) 定子电流急剧降低，有功、无功功率降至零； (4) 磁极断线，风洞内冒烟，有焦臭味，并有很响的“咻咻”声
发电机定子接地	(1) 警铃响，机组发“定子接地”信号，计算机有报警信号； (2) 定子三相电压不平衡，定子接地电压表出现零序电压指示

(2) 发电机常见故障原因。

1) 运行中维护不当，造成设备出现缺陷，引发相关故障；

2) 因制造质量原因使定子绕组绝缘在运行中受损或使定子铜绕组疲劳、断裂；

3) 发电机在运行中有负序电流经过定子或发电机内部有不明异物引起故障；

4) 电网低频振荡等动态过程中，发电机转子、定子受损。

(3) 发电机常见故障处理原则。

1) 发电机过负荷。运行中的发电机，当定子电流超过额定值 1.1 倍时，发电机的过负荷保护将动作发出报警信号，运行人员应该进行处理，使其恢复正常运行。

处理方法如下：

a. 注意监视电压、频率及电流大小，是否超过允许值。

b. 如电压或频率升高时，应立即降低无功或有功负荷使定子电流降至额定值，如调整无效时应迅速查明原因，采取有效措施消除过负荷；如电压、频率正常或降低时应首先用减小励磁电流的方法，消除过负荷，但不得使母线电压降至事故极限值以下，同时将情况报告值长；当母线电压已降到事故极限值，而发电机仍过负荷时，应根据过负荷的多少，采取限负荷运行并联系调度起动备用机组等方法处理。

c. 若系统未发生故障，则应首先减小励磁电流以减小发电机发出的无功功率；如果系统电压较低又要保证发电机功率因数的要求，当减小励磁电流仍然不能使定子电流降回额定值时，则只有减小发电机有功负荷；如果系统发生故障时，允许发电机在短时间内过负荷运行，其允许值按制造厂家的规定运行。

2）发电机转子回路一点接地。发电机转子一点接地时，因一点接地不形成回路，故障点无电流通过，励磁系统仍能短时工作，但转子一点接地将改变转子正极对地的电压和负极对地的电压，可能引发转子两点接地故障，继而引起转子磁拉力不平衡，造成机组振动和引起转子发热。

处理方法如下：

a. 检查转子一点接地信号能否复归，若能复归，则为瞬时接地，若不能复归，且转子一点接地保护正常，则为永久接地。

b. 利用转子电压表，测量转子正极对地和负极对地电压，如发现某极对地电压降至零，另一极对地电压升至全电压，则说明确实发生了一点接地。

c. 检查励磁回路，判明接地性质和部位。

d. 如系非金属性接地，应立即报告调度设法处理，同时作好停机准备。

e. 如系金属性接地，应立即报告调度，启动备用机组，解列停机。

3）发电机转子回路两点接地。发电机转子两点接地时，由于形成回路，故障点有电流通过。

处理方法如下：

转子两点接地时，由于转子电流增大，可能会使励磁回路设备损坏；若接地发生在转子绕组内部，则转子绕组会过热；机组剧烈振动损坏设备，因此立即紧急停机，并报告调度。

4）发电机温度过高。发电机运行中，如果定子、转子或铁芯温度超过规定值时，应该及时检查处理。

处理方法如下：

a. 若发电机的有功负荷或定子电流超过了额定值，则调整到额定范围内运行。

b. 若测温装置异常，则退出故障测点，并通知维护专业班组进行处理。

c. 若空气冷却器进、出水阀开度不够，则调节空气冷却器进、出水阀开度。

d. 若机组冷却水压不足，则检查供水泵，同时投入机组冷却备用水，调整水压至正常。

e. 若空气冷却器堵塞造成水路不通，则短时加压供水或倒换机组冷却水。

f. 若空气冷却器进出水阀阀芯脱落，则转移机组负荷降低机组出力运行，控制冷、热风温度不致过高。

g. 在不影响全厂出力和系统的条件下，适当调整各机组的有、无功负荷分配。

h. 采取以上措施无效，定子线圈、铁芯温度超过 120℃时，应联系调度停机处理。

5）发电机转子回路断线。

处理方法如下：

a. 立即停机，检查 FMK 动作情况，并报告调度。

b. 如有着火现象，应立即进行灭火。

6）发电机定子接地。发电机定子接地是指发电机定子绕组回路或与定子绕组回路直接相连的一次系统发生的单相接地短路。定子接地分为瞬时接地、永久接地、断续接地等。

处理方法如下：

a. 检测 A、B、C 三相对地电压，真接地时，定子电压表指示接地相对地电压降低或等于零，非接地相对地电压升高，大于相电压小于线电压，且线电压仍平衡；假接地时，相对地电压不会升高，线电压不平衡。

b. 经检查如系内部接地，报告调度，起动备用机组或转移负荷，尽快解列停机。

c. 经检查如系外部接地，应查明原因，报告调度，按调度的要求处理。

d. 在选择接地期间，应监视发电机接地电压，发现消弧线圈故障应立即停机。

7）发电机内部故障时，均按现场事故处理规程的规定进行处理。

8）发电机失去励磁时的处理方法如下：

a. 经过试验证明允许无励磁运行，且不会使电网失去稳定者，在电网电压允许的情况下，可不急于立即停机，而应迅速恢复励磁，一般允许无励磁运行 30min，其允许负荷由试验决定。

b. 未经无励磁运行试验或经证明不允许无励磁运行的机组，在失去励磁时，应立即与电网解列。

9）当发电机进相运行或功率因数较高时，由于电网干扰而引起失步者，应立

即减少发电机有功功率，增加励磁，从而使发电机重新拖入同步，若无法恢复同步时，可将发电机解列后，重新并入电网。

10）发电机允许的持续不平衡电流值，应遵守制造厂的规定，如无制造厂的规定时，一般按以下规定执行：

a. 在额定负荷下连续运行时，汽轮发电机三相电流之差不得超过额定值的10%，100MW以下水轮发电机和凸极同步调相机三相电流之差，不得超过额定值的20%，同时任一相的电流不得大于额定值；

b. 在低于额定负荷连续运行时，各相电流之差可大于上述规定值，限额需根据试验确定。

（4）发电机常见故障处理注意事项。

1）发电机转子一点接地时，检查处理时间大致为2h，否则应停机处理。

2）发电机异常可能会导致发电机机端电压、频率和联络线潮流超过正常值时，发电厂当值人员应努力将这些参数控制在合格范围内，防止不必要的机组解列，造成故障影响范围扩大。

3）当发电厂电压偏低，威胁到正常运行机组安全时，现场可考虑提高其他机组电压，将厂用电切换至其他备用电源或请求上级调度配合调压。

4）机房操作人员应遵守安全操作规程，穿工作服和绝缘鞋，机组人员应分工明确。

5）发电机启动后，即认为发电机及全部电气设备均已带电，人体不得接触带电部位。

6.4 二次设备故障处理

6.4.1 保护装置故障处理

1. 总体要求

（1）外观检查和电气量检查的要求。应按照先检查外观，后检查电气量的原则检验继电保护和电网安全自动装置，进行电气量检查之后不应再拔、插插件。

（2）对和电流保护回路作业的要求。对于和电流构成的保护，如变压器差动保护、母线差动保护和3/2断路器接线的线路保护等，若某一断路器或电流互感器作业影响保护的和电流回路，作业前应将电流互感器的二次回路与保护装置断开，防止保护装置侧电流回路短路或电流回路两点接地，同时断开该保护跳此断路器的跳闸压板。

（3）在运行的电流互感器二次回路上作业。若在被检验保护装置电流回路后串接有其他运行的保护装置，原则上应停运其他运行的保护装置。如确无法停运，在短接被检验保护装置电流回路前、后，运行的保护装置电流应与实际相符。若在被检验保护电流回路前串接其他运行的保护装置，短接被检验保护装置电流回路后，监测到被检验保护装置电流接近于零时，方可断开被检验保护装置电流回路。

（4）更换装置采样插件、CPU 插件、逻辑插件和出口插件后的试验。处理插件故障时需将该线路间隔改为冷备用状态，并断开保护装置直流控制电源空气开关，更换交流采样插件或采样模块，更换完毕后，将装置恢复送电，并检查装置上的电压显示是否恢复正常，更换采样插件需要做精度试验，更换 CPU 还需做功能试验，更换逻辑插件、出口插件还需做开入、开出传动试验。

（5）更换面板后的试验。更换面板时，需要确定面板的选型和版本是否匹配，防止因面板不匹配导致再次异常，更换面板后，为防止地址冲突，应先对新面板的通信地址、通信串口设置按原面板的参数进行设置，然后方可恢复通信线。更换面板后，可通过键盘试验、调定值、检查采样值等操作，检查新面板功能是否正常。对如面板启动控制保护开出正电源的，还需做传动试验。

（6）更换装置电源插件的试验。新更换的电源插件直流电源额定电压应与原保护装置的直流电源额定电压相一致。

2. 常见故障处理

（1）装置电压异常（断线）。按以下步骤测试判断：测试空气开关上桩头电压输入，若电压输入不正常，则可以判断电压输入二次回路有故障；若空气开关上桩头有输入而下桩头输出不正常，则可以判断为空气开关故障；若空气开关正常而装置输入不正常，则可以判断为屏内二次回路配线故障；若保护装置的电压端子上的输入电压正常，但保护装置内部显示不正常，则判断为交流采样插件或者采样模块故障。

（2）保护装置运行灯灭（闪烁）。按以下步骤测试判断：若装置输入直流电压正常而输出不正常，则可判断为电源板故障；若装置直流电源输入、输出均正常，则可以判断仅为面板故障；若装置电源板、面板均正常，则可以判断可能为 CPU 插件故障引起运行灯闪烁。

(3) 馈线保护装置黑屏。按以下步骤测试判断：测量装置电源输入，如不正常则可判断黑屏是由于电源回路故障引起的；若装置输入直流电压正常而输出不正常，则可判断为电源板故障；若装置直流电源输入、输出均正常，则可以判断黑屏仅为面板故障引起的。

(4) 馈线保护装置告警无法复归。保护装置告警无法复归，故障原因主要有装置内部插件故障、操作错误或外部回路异常等。

若根据保护液晶显示的报文判断是外部回路引起的故障，处理时应注意防止误碰、误断、误短接；若判断是装置内部插件故障需将该线路间隔改为冷备用状态处理。

保护装置告警灯亮信号无法复归，应检查装置最新自检报告，查看告警原因并做相应处理，若装置最新自检报告无异常报告则说明保护装置内部故障（同过更换面板、CPU 插件或逻辑插件来消除故障)。

(5) 馈线保护装置通信中断。通过以下检查判断故障点：保护装置面板运行灯不正常时，检查直流电源，如输入电压不正常，则可判断为直流电源回路故障；保护装置面板运行灯不正常，而输入电压正常，则可初步判断为电源板故障；保护装置面板运行灯正常，但遥测、遥信数据不刷新，则可以判断为面板故障；若保护装置面板运行正常，数据刷新正常且按键操作正常，仅监控后台通信不正常，则可以判断为通信通道故障。

(6) 馈线保护装置动作指示不正确。通过以下检查判断故障点：保护功能试验检查，功能不正常则可以判断为整定值设置错误或 CPU 插件、逻辑插件有故障；保护功能试验正常，而保护装置出口不正常，则可判断为装置电源板故障；保护装置出口正常，但一次设备动作不正常，则可判断为二次回路故障。

(7) 馈线保护装置异常合闸。通过以下检查判断故障点：保护功能试验检查，功能不正常则可以判断为保护装置有故障；保护装置出口正常，但一次设备动作不正常，则可以判断为二次回路故障。

(8) 馈线保护装置重合闸无法充电。通过以下检查判断故障点：首先核对定值单确认重合闸是否投入；再通过装置面板检查是否有闭锁重合闸开入，测量开入量电平，若有高电平开入则说明二次回路有故障，若开入无高电平仅装置有开入量显示，则可以判断为装置开入插件故障；定值设置和开入量均正常，但重合闸依然不可充电，初步可以判断为保护装置 CPU 插件故障。

6.4.2 自动化装置故障处理

自动化装置故障处理总体要求：应按照先检查外观，后检查电气量的原则。检验自动化装置，进行电气量检查之后不应再拔、插插件。

1. 远动信号无法接收

检查远动控制单元主板；MODEM板或规约板；该RTU工作电源；远动主站前置机内的接收卡或外置的终端服务器。

2. 遥测值不正确

TA精度不准或损坏（交流采样），二次回路电流缺相；二次回路电压熔断器断开或接触不良；遥测值符号定义不对（正确定义为进母线为负，出母线为正）；站端更换测量TA后未及时更改标度变换系数；站端测量TA不准；远动与保护或测量连接的二次回路接线错误；转换板坏，各类遥测值不显示；该RTU某块电流采样板损坏；该RTU某块电压采样板损坏；RTU采样小，TV精度不准或损坏。

3. 遥信误动

断路器辅助触点抖动；遥信回路电阻过大，信号衰减过大；工作电压和遥信板输出电压过低；电磁干扰和接地不良也会引起误发遥信；程序设置中遥信去抖时间过短；对应断路器辅助触点不通；该路遥信在参数定义库中定义不对；该路遥信电缆断；该路遥信RTU传动小开关损坏或者遥信端子箱接线接触不良；对应断路器辅助触点不通；该路遥信在参数定义库中定义不对；该路遥信电缆断。

4. 网络故障

网络出现故障，首先应该考虑故障机器的网线插头是否接触良好。如该网络是用交换机连接，应通过观察交换机上的指示灯来判断，还应考虑故障机器网卡设置、网络节点名是否冲突或该节点名是否在系统的域控制器中、网卡故障等因素。检查设备模块灯光指示是否正确，通道监控系统是否有告警信息，当地监控数据是否正常。

5. 信息中断

检查通信联络、设备单元、远动机电源、MODEN板和网络设备、网络通道中二次安全防护设备是否正常。

6. GPS对时异常

检查室外天线能否接受卫星对时信号，检查卫星时钟到设备的对时线缆是否完好，可手动核对时钟，并通知专业人员处理。

7. 电量采集系统异常

部分电量数据无法采集时，检查电能表到电量采集单元的线缆是否正常；全部数据无法采集时，检查电量采集单元电源板、主控板、MODEN 板、通信板、网络设备以及网络通道中的二次安全防护设备是否正常。并通知专业人员处理。

8. 防火、防盗装置报警

检查现场有无火情、盗情，如无，则为系统装置误报警，应对装置及现场环境进一步检查。

7 涉网设备事故案例

7.1 发电厂事故案例

7.1.1 案例1

1. 事故前运行方式

35kV A电厂为某生物质能发电厂，主要负荷供自己厂用及向周边地区供热，其余通过35kV甲线并入220kV B站。A电厂35kV甲线运行，1号、2号主变压器运行，2号发电机运行，1号发电机备用，35kV甲线上网负荷1MW。其主接线示意图如图7-1所示。

2. 事故经过

某日19:39，35kV甲线18号杆A、B两相绝缘子遭雷击，引起220kV B变电站35kV甲线速断保护动作，断路器跳闸，由于故障电流未达到A电厂保护动作整定值，故A电厂35kV甲线断路器未跳闸。但由于线路短路故障引起的低电压，造成A电厂2号炉引风机低电压保护动作跳闸，2号炉压火，2号机组解列。

3. 事故处理

19:39，A电厂集控室电气运行人员汇报当值值长，2号炉引风机定时限低电压保护动作，2号炉引风机跳闸导致所有锅炉辅机联锁动作。2号汽轮机一次脉冲油压由0.386MPa升至0.434MPa，轴向位移油压由0.387MPa升至0.42MPa，转速升至3070r/min，进汽流量为5t/h左右，2号发电机负荷由3000kW甩负荷至400kW左右，1号给水泵跳闸联锁启动3号给水泵运行，1号循泵跳闸联锁启动2号循泵运行。2号炉主汽压力升至3.95MPa，当值值长立即令锅炉班长DCS远程操作向空排汽电动阀，解列减温水，并通知汽机班长现场查看2号汽轮机向空排汽电动阀情况，并检查2号机组是否正常。

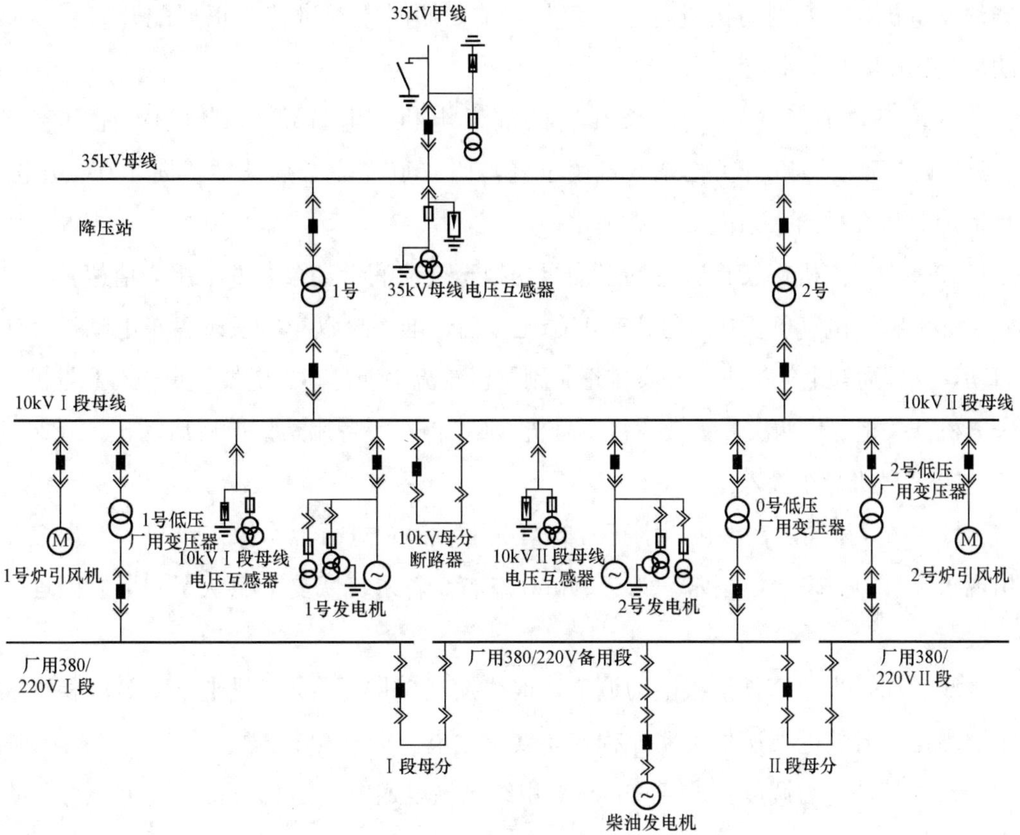

图 7－1　某生物质能发电厂主接线示意图

—■—断路器闭合；—□—断路器断开

注：本章图均来自调度自化系统。

19：40，当地电力调度电告 220kV B 站 35kV 甲线速断保护动作，断路器跳闸，重合闸未动作，A 电厂需立即做好应急处理措施。同时 A 电厂汇报 35kV 甲线 A 电厂侧断路器未跳闸，电力调度令其将 35kV 甲线改为冷备用。

19：41，集控室电气运行人员汇报当值值长，2 号发电机断路器分闸，转速由 3070r/min 迅速下降，电气、汽机未有任何保护动作跳闸报文，A 厂全厂失电。

19：42，当值值长令锅炉班长按照紧急压火处理，并令汽机班长按照紧急停机处理，同时汇报值班领导和生产副总。

19：44，锅炉向空排汽电动阀关闭 1/3 后由于厂用电中断而停止，锅炉班长就地手动关闭向空排汽阀，此时压力为 2.6MPa，并通过叫水判断为轻微缺水，同时汇报当值值长。

19：45，汽机班长安排立即启动 2 号、1 号直流油泵，并通知司机协助电气开柴油发电机，通知副司机进行紧急停机操作。同时电气班长令正司配开启事故照明后去35kV配电室查看。

19：49，值长令电气班长开启柴油发电机。电气班长到400V配电室将400V041、042、040开关摇至冷备用位置，19：50左右开启柴油机向400V送电，且锅炉启动2号给水泵向2号炉上水。

19：52，汽机班长将直流润滑油泵切换至交流润滑油泵，并汇报当值值长。

19：55，电气班长在2号机转速降至零后，准备投盘车时发现盘车电动机无法启动，立即通知电气检查，并安排正、副司机轮流手动盘车。电气班长在对2号机盘车电机开关柜复位两次后无效，将1号机MCC柜上一备用柜换上后启动正常，20：05左右2号机盘车投入。

20：02，副司炉在汽包叫水正常的情况下对锅炉进行上水操作，20：14电接点出现水位，20：27水位正常，为－25mm左右。各系统恢复平稳状态，事故处理告一段落。

20：30，当值值长汇报电力调度，巡线发现35kV甲线18号杆A、B两相绝缘子遭雷击，有放电痕迹但无明显损伤，要求送电。

20：47，电力调度员电告知35kV甲线已恢复送电，运行正常，A电厂可逐步恢复生产。

20：53，当值值长令电气班长投运1号主变压器，随后停止柴油发电机运行并切换厂用电。

21：10，2号炉开始拉火通过双减方式向热用户供汽，此时除氧器温度只有80℃左右。

21：51，2号机开始冲转，22：13 2号机并网，22：15 2号机排汽并热网，22：48供汽压力恢复正常值，一切恢复后值长通知各专业对机组设备进行全面检查无异常。

4. 原因分析

35kV甲线在A电厂侧的保护动作定值灵敏度不足，因此A电厂35kV甲线断路器未跳闸（通过发电机向甲线送电），又由于35kV甲线在220kV B站侧（系统侧），重合闸整定为检无压，故跳闸后B站侧未重合，使A电厂短时内小系统运行，而后无法稳住，发电机解列，全厂失电。

5. 防范措施

聘请专业继电保护人员对A电厂的35kV甲线保护动作整定值进行校对，并对厂内电气值班员进行培训；考虑从电网新增 10kV 线路作为 A 电厂事故保安电源，以便 35kV 甲线故障，机组解列时维持厂用电；定期开展应急演练，增强各部门之间的协同处理能力，以应对各种突发状况。

7.1.2　案例 2

1. 事故前运行方式

35kV A 电厂为某热电厂，35kV 甲线运行，35kV 乙线热备用，35kV Ⅰ、Ⅱ段母线运行，1 号厂用分支带 6kV Ⅰ段、3 号厂用分支带 6kV Ⅲ段，6kV Ⅰ段快切装置故障未投，1 号、2 号、3 号厂用变压器运行，0 号备用变压器热备用，1 号机有功功率为 15.3MW，3 号机有功功率为 14.7MW。其主接线示意图如图 7-2 所示。

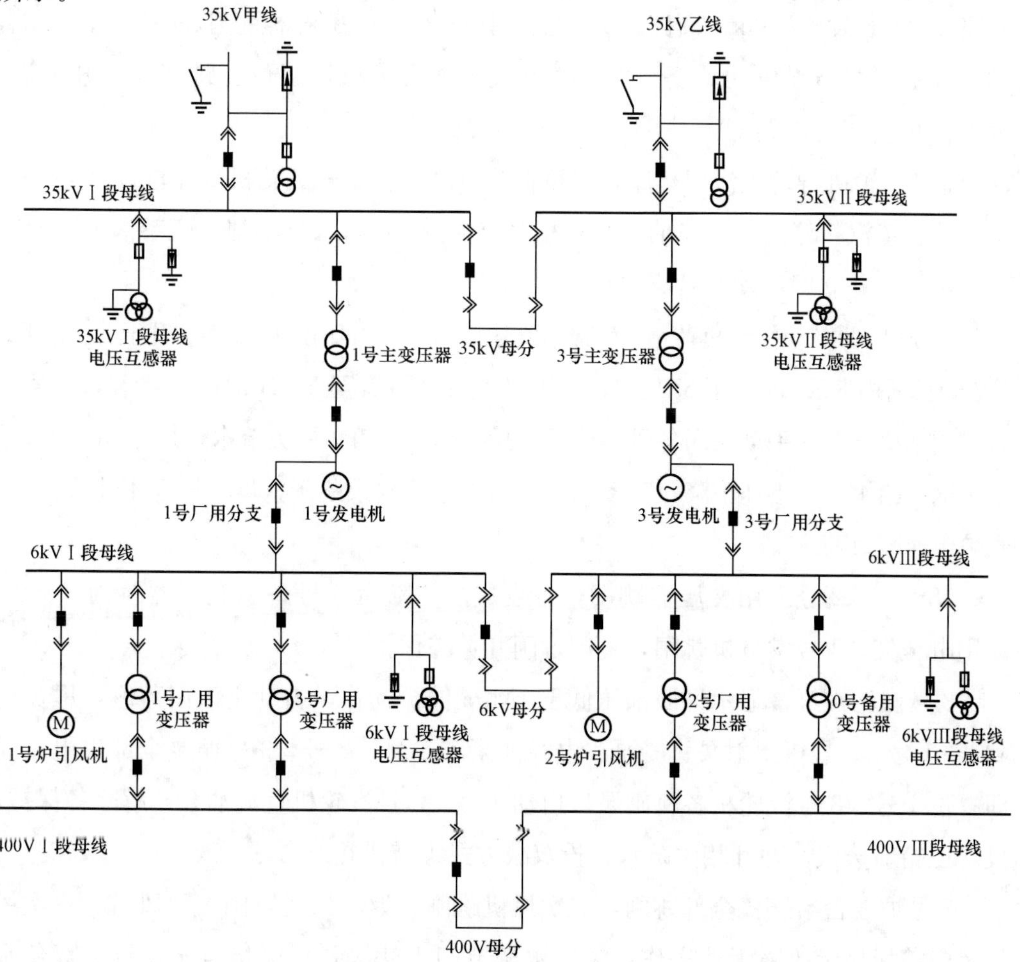

图 7-2　某热电厂主接线示意图

2. 事故经过

某日18：28，DCS报警显示1号主变压器压力释放保护动作，1号主变压器35kV断路器、1号发电机6kV断路器、1号厂用分支6kV断路器跳闸，6kVⅠ段失电，400V Ⅰ、Ⅲ段失电，0号备用变压器备投成功；1号机自动主汽门落座，甩负荷到0。

18：32，2号厂用变压器跳闸，备投成功后0号备用变压器跳闸（当时DCS上无任何报警，后经就地检查发现2号厂用变压器、0号备用变压器过电流保护动作），400V厂用电全失，3号机伺服油压低于1MPa，保护动作，循泵失电真空低保护动作，3号机自动主汽门落座，甩负荷到0，3号发电机跳闸。

3. 事故处理

18：28，DCS报警显示1号主变压器压力释放保护动作，1号主变压器35kV断路器、1号发电机6kV断路器、1号厂用分支6kV断路器跳闸，6kVⅠ段失电，400VⅠ、Ⅲ段备投成功，复归信号及开关，并要求机炉复位各跳闸辅机开关后，手动合6kV母分断路器，对6kVⅠ段送电成功。

1号汽轮机自动主汽门落座，甩负荷到0，启动1号汽轮机高压电动油泵，投均压箱新蒸汽，停高加，二抽，并开相关疏水，1号给水泵跳闸，联系锅炉迅速减少进水量，并立即启动2号给水泵。

1号炉MFT动作，负荷由67T/H降至15T/H，汽压由4.86MPa升至5.15MPa，2号炉负荷由80T/H降至65T/H，汽压由4.92MPa升至5.21MPa。立即复位1号炉各跳闸辅机开关，手动关闭各风门挡板，开向空排汽门和相关疏水，1号炉按压火处理，锅炉给水压力迅速下降，联系汽机得知1号给水泵跳闸，母管压力不能维持，2号炉迅速减负荷。

18：32，2号厂用变压器跳闸，备投成功，随后0号备用变压器跳闸，400V厂用电全失，3号发电机跳闸，复归跳闸开关与保护。

3号汽轮机报警显示伺服油压低于1MPa保护动作，自动主汽门落座，甩负荷到0，1号、3号机组射泵、凝泵、电控油泵和1号、2号、3号循泵全部失电，立即复位1号、3号汽轮机各跳闸泵，启动1号、3号汽轮机直流油泵，解除各保护，投均压箱新蒸汽，并开相关疏水，投双减方式维持供热。

2号炉三台给煤机全部跳闸，二次风机跳闸，返料风机跳闸，引风机、一次风机风门挡板显示故障无法操作，主给水调节门无法操作，电接点水位计、双色水位计监视电视全部失电。令2号炉压火处理，并立即手动复位各风门挡板。派人就

地观察1号、2号炉水位。

18：35，用各厂变压器对400V各段送电，送电成功，400V各段恢复运行。

18：36，就地检查1号主变压器无异常，但1号主变压器压力释放保护持续动作，联系电力检修人员后将1号主变压器转为检修状态。400V厂用电恢复，令先启动3号机，由于1号主变压器故障，1号机停机处理。

18：45，1号机具备冲转条件开始冲转。

19：30，3号发电机与系统并列，向外供电。

19：36，3号机并网，接带负荷。

20：00，切换供热，开3号机供热电动门。

21：01，对1号主变压器检查发现，1号主变压器压力释放保护装置（安装在变压器本体上，露天）的压力释放信号线处接线头进水，导致压力释放保护接点导通，误发信号（压力释放保护动作），使1号主变压器35kV开关、1号发电机6kV断路器、1号厂用分支6kV断路器跳闸。焊接并清理接线头积水，进行防水封堵，并对变压器的其他接线装置检查和进行防水封堵。

22：10，1号主变压器检修结束摇测绝缘合格后，就地合上1号发电机6kV断路器，对1号发电机—变压器组零起升压实验。

22：30，1号发电机—变压器组零起升压实验正常，断开6kV断路器。

23：46，将1号主变压器由冷备用转运行。

23：52，1号发电机与系统并列。

4. 原因分析

1号主变压器压力释放保护装置的压力释放信号线处接线头进水，导致压力释放保护接点导通，误发信号（压力释放保护动作），是造成1号发电机—变压器组跳闸的直接原因；由于6kV Ⅰ段快切装置故障，造成6kV一段失电，继而导致400V Ⅰ、Ⅲ段失电，是导致事故扩大的主要原因。

5. 防范措施

由于A电厂主变压器都在室外，变压器非电量保护的接线均在变压器本体上，经过长时间风吹雨淋高温等会造成接线头封堵不严和电线老化。针对这种情况，应加强检查力度，从思想上高度重视，对所有的室外设备全面检查，并利用停电机进行整改。对此次故障进行排查分析，形成原因分析报告对全厂人员进行培训交底。

7.1.3 案例3

1. 事故前运行方式

35kV A电厂拥有两回进线，35kV甲线主用，35kV乙线备用，分别搭接于220kV B变电站35kV Ⅰ、Ⅱ段母线上，事故前该电厂处于正常运行方式。其主接线示意图如图7-3所示。

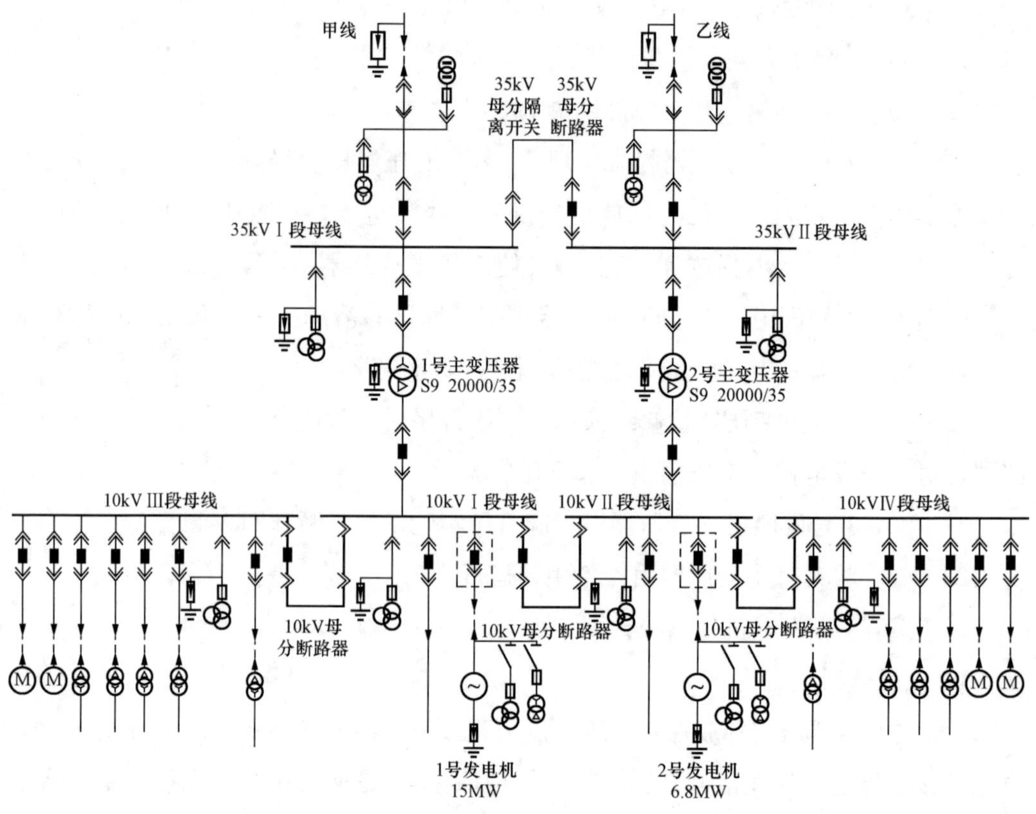

图7-3 A电厂主接线示意图

2. 事故经过

某日A电厂运行三值当班，11∶28∶59电气监盘人员汇报，电气监控电脑报“事故总信号报警、35kV甲线低频解列动作（48.83Hz）、35kV甲线事故分闸、1号发电机出口断路器跳闸、1号发电机灭磁开关跳闸”报警。1号发电机负荷从8.55MW甩至0MW，全厂失电。

3. 事故处理

（1）电气主控检查发现35kV甲线跳闸后，立即汇报值长请各专业注意同时联

系调度，汇报事故情况，并要求立即切换线路，经调度同意后，电气主控于11：30：14合上35kV乙线进线断路器，厂用电恢复。

（2）在厂用电恢复后电气人员陈某立即检查发电机、主变压器、厂用变压器、380V配电室、循环水泵房配电室、输煤配电室，均正常，然后对UPS、直流系统进行全面检查。

（3）12：06，1号发电机转速升至3000r/min，经调度同意后接值长命令进行1号发电机并网操作并接带负荷，逐步恢复正常运行。

4. 原因分析

此次35kV甲线进线断路器低频解列跳闸的主要原因是220kV B变电站与35kV甲线同一母线上的炼钢厂大功率负荷波动，导致电网电压短时变化引起电厂低压解列动作跳闸。

5. 防范措施

（1）炼钢厂用户侧安装快速电压无功调节投切装置，使其冲击性负荷对电网的扰动减至最小。

（2）系统220kV B变电站35kV母线是分列运行的，故A电厂原由35kV甲线上网改至35kV乙线上网，35kV甲线改为备用。

（3）如果只能用35kV甲线上网，在炼钢厂用户侧未整改前，可由调度通知处于同一母线上的炼钢厂控制负荷。

7.1.4　案例4

1. 事故前运行方式

35kV A电厂为某自备电厂，主要供自己厂用，其余通过35kV甲线并入220kV B站，10kV乙线作为该厂的事故保安电源线。3月1日的运行方式为4号机、6号机+7号炉、8号炉运行，系统内总用电负荷为11MW，发电厂与系统并网，35kV甲线断路器处负荷基本处在平衡状态。其主接线示意图如图7-4所示。

2. 事故经过

某日12：37：16，220kV B变电站的35kV甲线限速动作，重合失败，故障录波显示A为0.671A，B为1.44A，C为13.5A；后加速动作电流A为19.8A，B为20.1A，C为19.1A。同时A电厂的4号、6号发电机复合电压过电流保护动作跳闸，使系统内失电，造成A电厂失电事故发生。

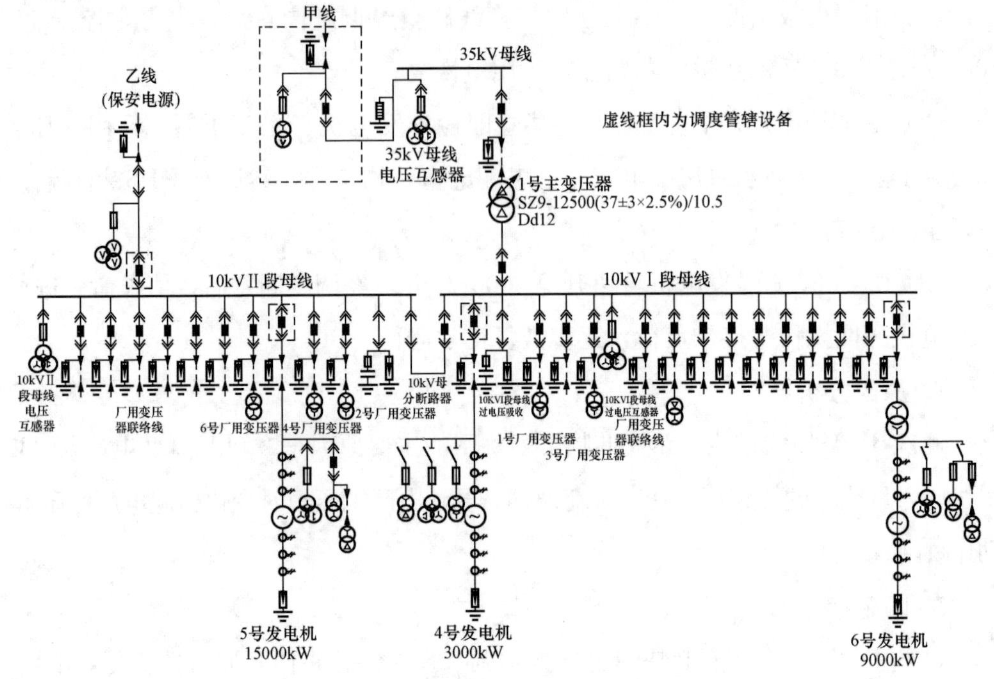

图 7-4　某自备电厂主接线示意图

3. 事故处理

220kV B 变电站的 35kV 甲线跳闸后，当值调度立即通知电厂进行设备检查，通知线路工区、B 变电站值班员对各自设备进行检查。B 变电站设备正常，线路检查正常。

A 电厂处理：经过设备巡视发现 35kV 甲线的进线开关柜内绝缘套管受潮已经炸裂，确认故障点后立即通知电厂值班员确认 35kV 甲线断路器、1 号主变压器高压侧断路器、1 号主变压器低压侧断路器在合闸无电状态，值班长经调度许可后发令，拉开 35kV 甲线断路器、主变压器高压侧断路器、主变压器低压侧断路器及各分厂供电馈线，后向调度申请由保安电源 10kV 乙线供厂用电，12：47：01 10kV 乙线断路器合闸。

10kV 乙线保安电源供电后立即通知锅炉车间主任，立即重启 7 号、8 号炉逐步恢复锅炉供汽，同时联系各分公司控制负荷恢复临时用电。

15：58：34 分开 10kV 乙线断路器，15：58：35 合上 5 号发电机断路器，恢复满负荷小网运行状态；17：30：41 合上 6 号发电机断路器并入小网，5 号机和 6 号机小网运行，恢复到正常供电、供汽状态。

待设备检修恢复后，A 电厂于 3 月 4 日 14：16：09 合 1 号主变压器低压侧断路器与系统并列运行，小网运行结束。

4. 原因分析

经巡视发现A电厂的35kV甲线进线开关柜内绝缘套管受潮已经炸裂，A电厂35kV甲线断路器未能跳闸是因为35kV甲线断路器保护电流方向指向线路，而故障点正好处在保护盲区，故220kV系统变35kV甲线断路器跳闸，A电厂的4号、6号发电机复合电压过电流保护动作跳闸。

5. 防范措施

A电厂需加强对厂内设备的巡视，确保设备正常运行，还需整改和制定继电保护方案，避免出现保护盲区，造成对发电机的冲击和进一步损坏。

10kV保安电源在本次事故中发挥了较大作用，在调度指挥下，电厂反应迅速，10min内即通过10kV乙线送入了保安电源，确保了站用电的正常恢复。

7.1.5 案例5

1. 事故前运行方式

某水电站通过一条35kV FF3511线与主网并列，站内三台水轮发电机运行，35kV升压变压器和10kV配电变压器运行，其主接线示意图如图7-5所示。

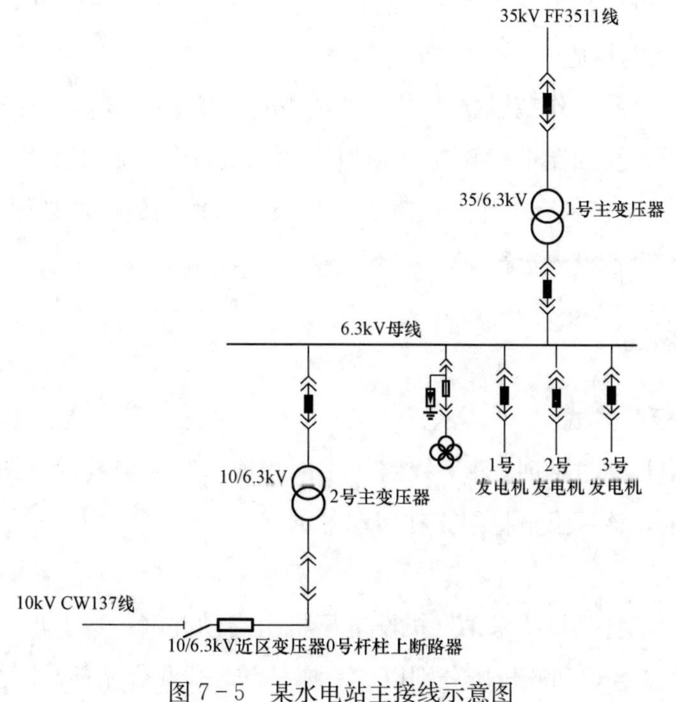

图7-5 某水电站主接线示意图

2. 事故经过

某日某电站站内电流互感器C相互感器漏气处理工作完毕，18时10分，在恢复正常运行方式过程中35kV主变压器差动保护动作，主变压器35kV断路器、10kV断路器跳闸，1号、2号、3号机组高频保护跳闸停机与系统解列，全厂失电。

3. 事故处理

18：15，某电站应急小组组长第一时间赶赴现场，对故障设备进行全面检查，并未发现设备异常。随后，立即通过10kV赤坞135线电源点恢复厂用电。

18：16，某电站告××县调A电站全站失电。

18：17，××县调发令拉开110kV某变电站35kV FF3511线断路器。

18：30，现场结果发现，可排除主变压器差动保护范围内的一次设备电气故障，主变压器差动保护动作的原因是主变压器高压侧电流互感器二次回路极性接反。

4. 原因分析

本次事故是一起典型的由人为因素引起的电网事故。现场检修人员在当日的检修工作中未经工作许可人同意私自增加电流互感器二次回路的工作内容，而在工作中由于工作人员的粗心将主变压器高压侧电流互感器二次回路极性接反，使主变压器差动保护的差动电流变成了主变压器两侧TA二次侧的电流和，该电流超过了差动保护的动作电流，因此导致主变压器两侧断路器跳闸。另外，工作结束后也没有按要求进行相关保护及回路的正确性试验，失去了最后纠正的机会。

5. 预防及控制措施

现场工作人员的工作范围扩大时，必须报告调度有关部门，补充和完善安全措施。在二次设备及回路上工作时必须填写“二次设备及回路工作安全技术措施单”，认真核对图纸资料，工作中认真做好记录。工作完成后，必须进行相关试验正确后，才可将设备投入运行。

7.1.6 案例6

1. 事故前运行方式

某燃机发电厂通过两回35kV线路与主网相连，其主接线示意图如图7-6所示。事故发生前，该厂发电机组正在启动并网。

2. 事故经过

某日上午，某县县调要求某燃机发电厂机组启动并网。1号机、1号炉和5号机以及3号机、3号炉和6号机分别以“一拖一”方式联合循环。3号机并网后，3

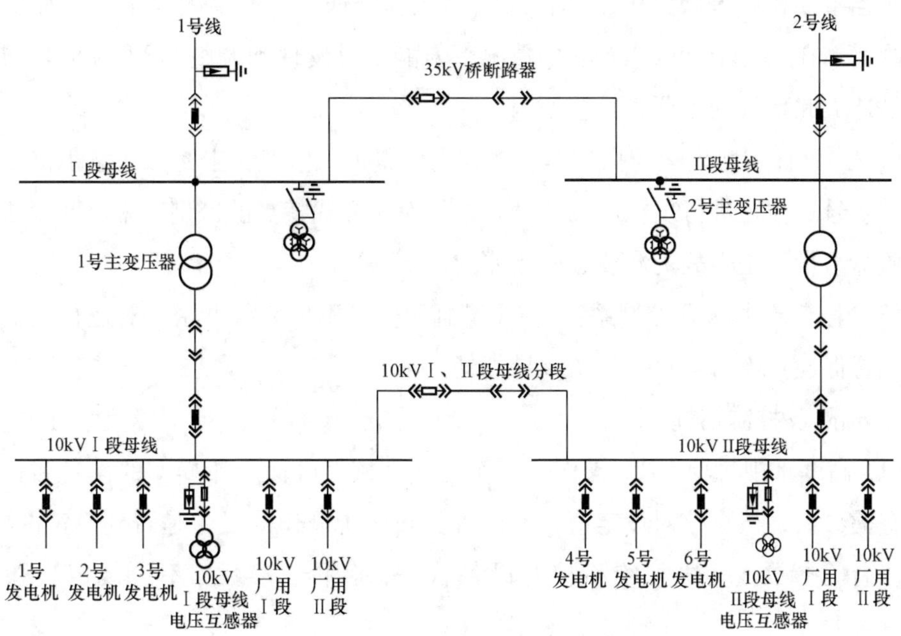

图 7-6 某燃机发电厂主接线示意图

号炉投运。

09：45，6 号机打开液压油泵、投轴封、抽真空。

10：58，6 号机冲转，投入保护。

11：10，6 号机并网。当日 4 号机扩大小修结尾阶段，4 号炉进行小修后泵水检查及除氧循环泵、给水泵、炉水循环泵自启动校验。

14：30，4 号炉水试验进行中，汽包升压至 4.9MPa，热工人员进行 4 号炉 2 号给水泵自启动校验工作。由于 4 号炉汽包压力高，热工人员停止给水泵。当时担任 3 号炉、4 号炉、6 号机监盘操作的运行人员赵某在停止给水泵过程中，由于一边与热工人员解释工作，一边停泵操作，未注意此时 CRT 是 3 号炉主画面而不是 4 号炉主画面，未将画面调整切换至 4 号炉就将给水泵解除了连锁，停用了给水泵，导致 3 号炉跳闸，联跳 6 号机。当时 6 号机负荷为 12MW。

3. 事故处理

事故发生后立即检查 3 号炉、6 号机，检查无其他异常后，于 15：08 又冲转，15：16，6 号机再并网，正常运行。

4. 事故原因分析

(1) 根据安排，集控楼控制室运行人员每人对 2 台燃机机组或 2 炉 1 汽机进行监盘操作。DCS 控制系统在一个 CRT 可进行 2 台机或 2 台炉之间画面切换、调整操作。当事人在频繁操作中工作作风不够冷静严谨，一心二用，未注意仔细核对操作画面，在外界干扰因素较多的情况下未能及时发现和调整 CRT 画面，匆忙操作，是造成此事故的主要、直接原因。

(2) 当日控制室内运行操作非常多，工作繁忙，但值长未充分注意小修后进行校验的 4 号炉与正进行发供电的 3 号炉之间操作方式特点的区别，未对此设法调整加强监盘力量，是事故的次要、间接原因。

(3) 生产部对 DCS 控制系统的 CRT 画面安排不尽完善严密，对运行人员的工作作风督促检查不力，对事故负领导责任。

5. 预防及控制措施

(1) 高度重视每项 CRT 操作，操作前认真核对画面上所操作的设备名称、状态和有关参数；认真核对设定值；操作后要确认所操作的设备是否到设定的状态，并确认有关参数。坚决杜绝不核对设备状态、名称、参数、不按规定步骤快速操作。

(2) 针对目前一套机组 2 台 DCS 系统操作 CRT 可同时监视和操作 2 台锅炉设备现状，将联系有关厂家改为 2 台 CRT 可同时监视 2 台锅炉，但只能各自操作 1 台锅炉设备。

7.2 直供用户事故案例

7.2.1 案例 1

1. 事故前运行方式

35kV A 变电站为某水泥企业用户变电站，其电源由 110kV B 变电站 35kV 甲线主供。A 变电站 35kV 变压器运行，各车间 6kV 变压器均运行，400kW 柴油发电机备用，全厂生产负荷共计 8MW。其主接线示意图如图 7-7 所示。

2. 事故经过

某日 14：22，35kV 甲线 1 号铁塔 A、B 相线路绝缘子遭雷击，导致 B 变电站 35kV 甲线（电源侧）过流Ⅱ段保护动作，断路器跳闸，重合闸失败，A 变电站全站失电。

3. 事故处理

14：22，A 变电站全站失电，生产中断。现场处置组组长徐某在事发后第一

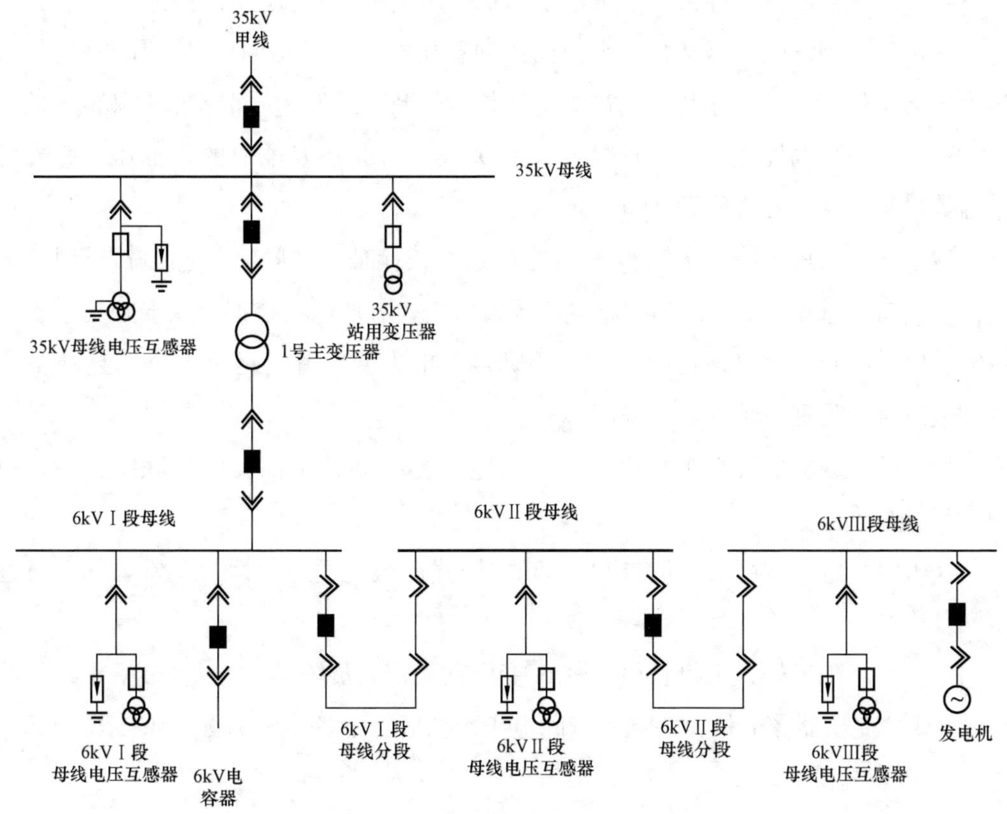

图 7-7　35kV 某水泥企业用户变电站主接线示意图

时间赶赴现场，迅速判断总降压站突然跳闸原因，发现所有变电设备都没有电力输入，且现场间隔检查无明显异常，于是判定 35kV 甲线失电。通过电话及时向当地电力调度询问上级电力输送情况，确定短时无法供电。通知相关人员采取应急预案。

14：24，当地电力调度电告，B 变电站 35kV 甲线（电源侧）过流Ⅱ段保护动作，断路器跳闸，重合闸失败，你厂全厂失电，由于天气恶劣，该线路无法短时恢复供电，你厂需立即做好应急处理措施。

14：25，现场处置组组长徐某通知 A 变电站当班人员陈某立即启动应急预案，断开 35kV 甲线进线柜及 35kV 变压器受电柜，断开 6kV 变压器开关柜，并通知当班巡检人员对 35kV 甲线进行巡线。

14：28，现场处置组组长徐某通知当班电工孙某立即启动备用柴油发电机。

14：30，当班电工李某检查电力配电室其中某一低压总柜未断开，立即进行分闸操作使其处于冷备用状态并汇报组长徐某。

14：32，当班电工孙某合上柴油发电机联络电源，使发电机接入。

14：33，当班电工李某合上窑辅助传动备用电源，窑辅助传动工作正常运转。避免了原本处于正常工作状态的窑炉，在长时间断电后发生严重变形损坏的危险。

14：35，现场处置组组长徐某安排相关人员对柴油发电机的供油压力、冷却水温等进行监视，发现问题及早处理。

14：40，当班巡检人员汇报现场处置组组长徐某，35kV 甲线故障点已找到，为公司门口 1 号铁塔 A、B 相线路绝缘子遭雷击，有放电痕迹但无明显损伤，申请恢复送电。组长徐某将该情况汇报电力调度，电力调度答复运行人员正赶赴 B 变电站进行事故处理，预计 15：00 可送电。

14：55，现场处置组组长徐某令当班电工孙某断开柴油发电机联络电源，以便恢复正常供电。

15：01，电力调度员电话告知，35kV 甲线已恢复送电，运行正常，你厂可逐步恢复生产。

15：02，现场处置组组长徐某令 A 变电站当班人员陈某，合上 35kV 甲线线路柜及 35kV 变压器受电柜，并与各车间电工确认后合上各个电力配电室变压器，15：10 全厂恢复供电。

15：11，现场处置组组长徐某令当班电工孙某，停止柴油发电机工作。

4. 原因分析

A 变电站为单进线、单主变压器接线，供电可靠性较低。雷雨天气时，架空线路遭雷击故障概率会大大升高，一旦进线电源故障就会造成全站失电。同时，自备发电机与进线电源之间只能冷倒切换，延误了恢复送电时间。

5. 防范措施

新增一回 35kV 进线作为 A 变电站的备用电源，并装设备用电源自动投入装置，使其与主供的 35kV 甲线互为备用，以便当一路进线故障时可自动切换至另一路进线供电，提高供电可靠性；同时，定期开展应急演练，对自备发电机的设备状况进行检查，确保故障情况下能够快速投入使用，提高涉网设备值班员的应急处理能力。

7.2.2 案例 2

1. 事故前运行方式

35kV A 变电站为某石油企业用户变电站，其电源由 220kV B 变电站的 35kV

甲线主供，35kV 乙线备用，35kV 备用电源自动投入装置投入；A 变电站 1 号主变压器热备用，2 号主变压器运行，6kV 母分断路器运行，各车间的生产电动机均运行，全厂生产负荷共计 4MW。该变电站的主接线示意图如图 7-8 所示。

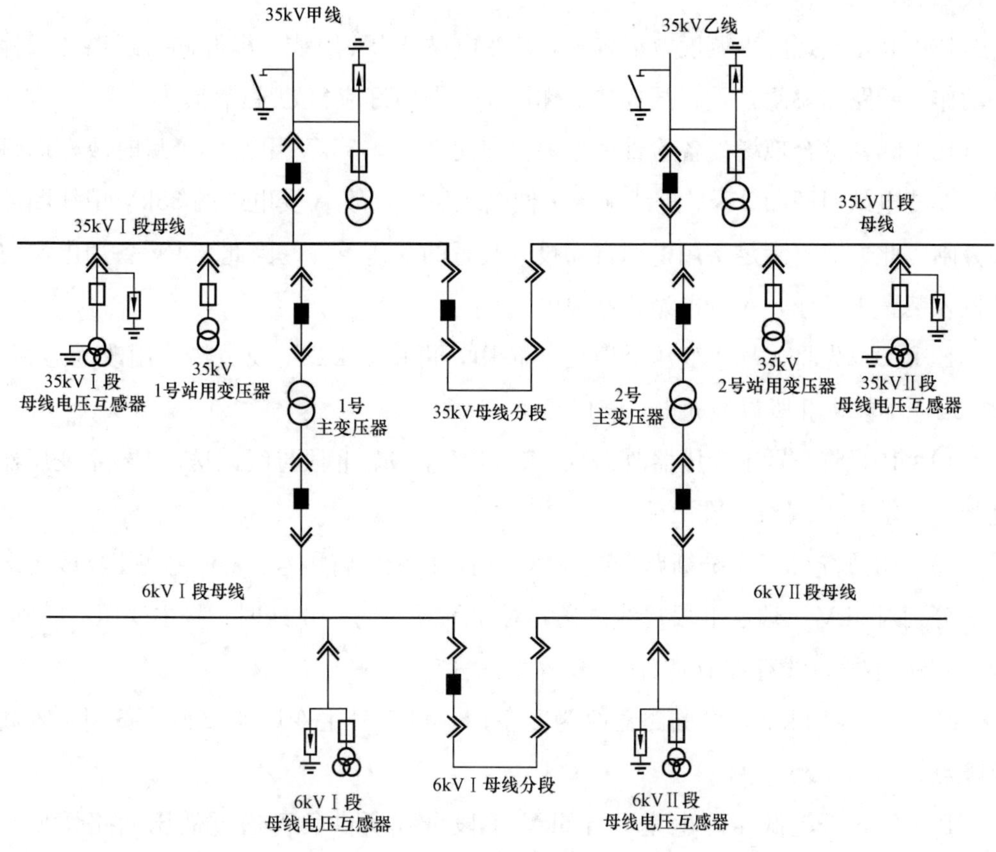

图 7-8　35kV 某石油企业用户变电站主接线示意图

2. 事故经过

某日 18∶42，35kV 甲线 15 号铁塔三相线路绝缘子遭雷击，导致 B 变电站 35kV 甲线（电源侧）距离Ⅱ段保护动作，断路器跳闸，重合闸失败，A 变电站 35kV 备用电源自动投入装置未动作，A 变电站全站失电。

3. 事故处理

18∶42，A 变电站全站失电，生产中断。电气负责人在事发后第一时间赶赴现场，迅速判断 A 变电站突然停电原因，发现所有变电设备都没有电力输入，且现场间隔检查无明显异常，于是判定为进线电源故障所致。及时向当地电力调度电话询问上级电力输送情况，确定短时无法供电。通知相关人员采取应急预案。

18：45，电气负责人到35kV高压配电室检查35kV两路电源运行情况，发现35kV甲线断路器分闸，在热备用状态，35kV乙线为热备用，检查35kV备用电源自投入装置无动作痕迹。

18：48，当地电力调度电话告知，B变电站35kV甲线（电源侧）距离Ⅱ段保护动作，断路器跳闸，重合闸成功，你厂需立即做好应急处理措施。

18：55，综合现场设备检查及相关信息可确定，35kV甲线由于瞬时故障而跳闸，A变电站对两回35kV进线配备了低电压保护，故A变电站的35kV甲线断路器分闸，此方式不满足备用电源自动投入装置的动作条件，因此35kV备用电源自动投入装置未动作，A变电站全站失电。

19：00，先将2号主变压器改为热备用，再将35kV甲线由热备用改为运行，对35kV Ⅰ段、Ⅱ段母线充电，充电正常。

19：10，将2号主变压器改运行，对6kV Ⅰ段、Ⅱ段母线试送，2号主变压器跳闸，确定6kV母线存在故障。

19：13，将6kV母分断路器改为热备用，再依次将1号、2号主变压器改为运行，分别对6kV Ⅰ段、Ⅱ段母线试送，对6kV Ⅰ段母线试送时1号主变压器跳闸，确定6kV Ⅰ段母线存在故障。

19：16，将6kV母分断路器改为冷备用，将1号主变压器改为冷备用，隔离故障点。

19：20，赶赴低压配电室，将6kV Ⅰ段母线所供负荷通过低压回路切换至6kV Ⅱ段母线供电。

19：32，安排相关人员对2号主变压器、35kV甲线进行监视，发现问题及早处理，并联系电气维护人员对6kV Ⅰ段母线进行检查处理。

4. 原因分析

A变电站两回35kV进线配备的失压保护时间定值与线路自动重合闸的时间定值相冲突，因此与35kV备用电源自动投入装置的时间定值也不匹配，保护整定上存在问题，该用户变电站的电气值班人员技能水平不高，在变电站全停恢复送电时未遵守逐级送电原则，将6kV Ⅰ段、Ⅱ段母线同时恢复送电，给查找故障点带来了困难，给恢复送电增加了重复操作。

5. 防范措施

重新校核A变电站内所有设备的继电保护定值，确保各级保护之间匹配。加强对站内电气专业人员的业务培训，定期组织与电力系统相关的调控规程、安全规程的培训、考试。针对此次事件，开展学习和讨论，认真吸取事件教训，并结合相关单位的实际情况，定期组织开展反事故演习活动，进一步提高员工的事故处理能力。

7.2.3 案例 3

1. 事故前运行方式

35kV 某铸钢专线用户，一回 35kV 进线甲线搭接于 220kV B 变电站 35kV Ⅰ段母线甲线上，其主接线示意图如图 7-9 所示。事故前该电厂处于正常运行方式，用户负荷为 20MW。

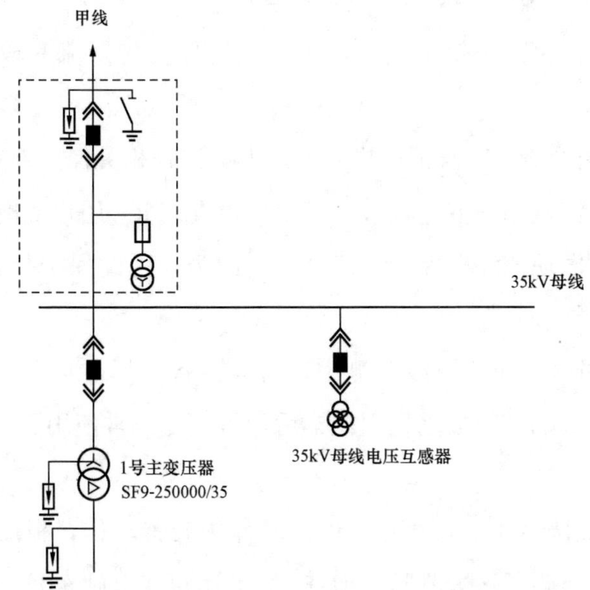

图 7-9　35kV 某铸钢专线用户变电站主接线示意图

2. 事故经过

某日 5：36，220kV B 变电站 35kV 甲线发生三相短路故障，220kV B 变电站 35kV 甲线过电流保护动作，重合闸成功，故障电流 4.2A（一次电流为 840A）。经线路人员巡视，线路无故障，故障是用户变电站故障所致。现场检查如下：

(1) 35kV 甲线装置报文：

$$I_{L3} = 0.84\text{kA} \quad 1705\text{ms}$$

AR close 3558ms

(2) 35kV 用户变电站报文：

1400ms 复流Ⅱ段保护动作

$$I_A = 4.52A$$

$$I_B = 4.53A$$

$$I_C = 4.56A$$

跳闸失败

3. 事故处理

5：37，调度立即通知 220kV B 变电站值班员检查甲线跳闸情况，通知 35kV 铸钢用户变电站人员现场检查设备。

5：50，220kV B 变电站值班员汇报甲线过电流保护动作，重合闸成功，故障电流为 4.2A（一次电流为 840A），设备检查正常。

6：17，35kV 铸钢用户变电站人员汇报现场保文为复流Ⅱ段保护动作，跳闸失败。

6：20，调度员令 35kV 铸钢用户变电站人员检查相关保护装置情况。

7：00，35kV 铸钢用户变电站人员汇报，检查 35kV 用户变电站 1 号主变压器高后备保护装置，发现该装置保护出口插件有故障，因此保护装置不能出口动作，从而导致断路器不能分闸。

7：15，调度员令 35kV 甲线双侧由运行改冷备用后，再令 35kV 铸钢用户变电站处理保护装置缺陷，待缺陷处理完毕后，再恢复正常使用。

4. 原因分析

35kV 甲线路故障发生后，用户变电站侧保护装置动作，报文正确，断路器却无法跳闸，导致系统侧断路器跳闸。检查 35kV 用户变电站 1 号主变压器高后备保护装置，发现该装置出口插件有故障，因此保护装置不能出口，从而导致断路器不能分闸。由于用户侧断路器不能分闸，因此故障不能及时切除，只能由 220kV B 变压器侧切除。

5. 防范措施

(1) 对 35kV 用户变电站 1 号主变压器高压侧后备保护装置故障元件进行更换，并进行保护试验，确保装置正常运行，同时在日常运行中加强巡视，及时发现故障，确保类似的事件不再发生。

(2) 当用户变压器保护装置发生异常时，立即停役进行处理，不能再将用户并网，以防对系统造成影响，同时防止发生越级跳闸。

7.2.4 案例4

1. 事故前运行方式

35kV某水泥专线用户，一回35kV进线甲线搭接于220kV B变电站35kV Ⅱ段母线上，其主接线示意图如图7-10所示。事故前该用户处于正常运行方式，负荷为0.17MW（此时厂内生产线未开启）。

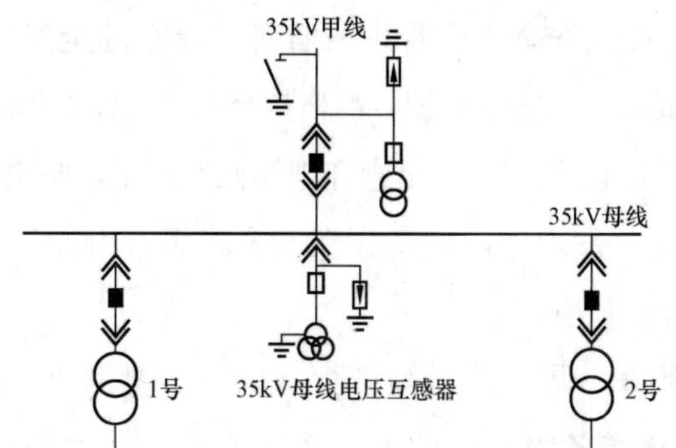

图7-10 35kV某水泥专线用户变电站主接线示意图

2. 事故经过

某日16:38，220kV B变电站35kV线过电流Ⅲ段保护动作，重合闸成功。经线路人员巡视，线路无故障，故障是用户变电站故障所致。

3. 事故处理

16:39，调度立即通知220kV B变电站值班员检查甲线跳闸情况，通知35kV用户变电站人员现场检查设备。

16:50，220kV B变电站值班员汇报甲线过电流保护动作，重合闸成功，设备检查正常。

17:30，当值调度员去电联系××变电站，了解厂内情况，××变电站值班员答复："待检查"（此前多次联系，联系不上）。

17:37，××变电站值班员汇报："16:38磨机跳闸，其他情况不清楚"。

18:03，××变电站汇报："车间内高压绝缘子烧毁"。

4. 原因分析

某日下午，用户现场检查发现：35kV用户变电站直流系统故障，蓄电池故障，直流系统输出为0，母线电压为0，全站直流电源已断开失电，全站设备处于无保护运行状态。故障前一日35kV甲线发生了故障，用户变电站侧保护装置未动作，断路器无法跳闸，因此导致系统侧断路器跳闸。事后检查35kV用户变电站，发现该用户车间人员存在误操作，其是引起车间闸刀柜高压总熔丝爆炸、拉弧的直接原因；同时直流系统故障是本次故障越级跳闸的重要原因；检查还发现主变压器保护跳闸压板未按要求投入、动作信号未及时复归，给保护越级跳闸埋下极大隐患。

5. 防范措施

(1) 变电运维管理人员应高度重视企业的用电安全管理，切实履行《中华人民共和国电力法》第三十二条“用户用电不得危害供电，用电安全和扰乱供电、用电秩序”，依法用电。加强安全生产管理与监督，建立健全安全生产规章制度。

(2) 必须加强值班人员的安全意识，严格执行Q/GDW 1799.1—2013《国家电网公司电力安全工作规程　变电部分》，严格遵守现场操作规定，坚决杜绝无票操作。

(3) 严肃调度纪律，发现涉网设备存在安全隐患且可能危及电网安全运行的情况，应立即报告电力值班调度员。

(4) 涉网用户应组织开展安全风险教育，认真学习事故通报，抓住安全生产的薄弱环节和关键点，落实各级人员的安全生产责任制；严格遵守各项安全生产规程、规定和制度，及时制定、完善安全防范措施，杜绝人员责任性事故的发生。

7.2.5　案例5

1. 事故前运行方式

35kV某纺织公司专线用户，一回35kV进行1号线搭接于220kV B变站35kV Ⅰ段母线上，其主接线示意图如图7-11所示。事故前该变电站处于正常运行方式，用户负荷为26.3MW。

2. 事故经过

9：12，某纺织公司35kV变电站2号主变压器运行中冒烟。

9：14，某纺织公司35kV变电站2号主变压器发轻瓦斯告警信号。

9：15，某纺织公司35kV变电站2号主变压器起火并伴有浓烟，2号主变压器瓦斯、差动、压力释放保护动作，35kV 2号主变压器两侧断路器跳闸。

本次故障造成某纺织公司35kV变电站2号主变压器高低压套管爆裂，三相避雷器和TA烧坏，部分一、二次电缆烧毁。

3. 事故处理

9：16，当值运行人员对设备进行检查后汇报县调，并报119火警。消防队接到火警报告后立即赶到现场。

9：25，当值运行人员将2号主变压器两侧断路器改为冷备用。

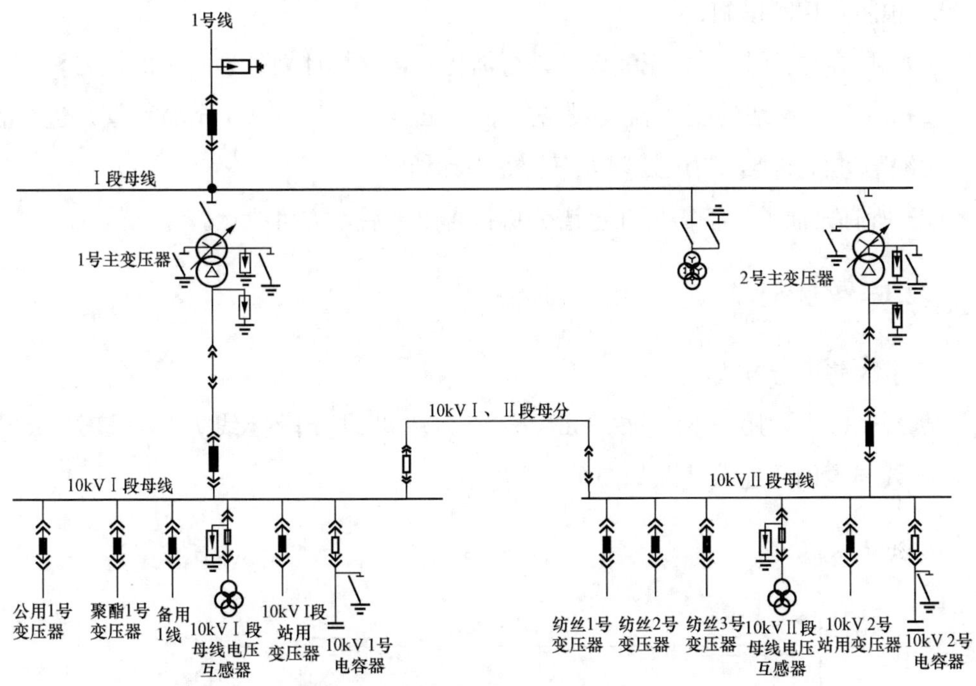

图 7－11　35kV 某纺织公司专线用户变电站主接线示意图

9：30，消防队赶到现场后，将火扑灭。

9：50，当值运行人员将 2 号主变压器由冷备用改为主变压器检修。

4. 事故原因分析

(1) 主变压器结构设计不合理是这次设备事故的直接原因。通过检查 2 号主变压器吊芯，已明确主变压器故障原因：绕组 Y 接头与套管铜杆连接松动，接触不良发热，导致主变压器内部过热产生事故。该类主变压器与引出线的连接采用单并帽结构，容易松动。

(2) 某纺织公司对自身用户 2 号主变压器缺陷认识及重视程度不足，加上判断失误，导致在总烃值不断升高的情况下，未及时认真分析并采取有效措施加以控制，导致此次事故发生的人为原因有：①2 号主变压器色谱异常，虽然进行了必要的跟踪，但对于不断上升的总烃值和电试的直流电阻偏大都未能引起足够的重视，过分依赖经验做法，误认为一时不会造成严重后果，从而造成设备长期带病运行而未及时予以必要的停电处理；②与厂方联系电抗器大修消缺的工作未真正落实；③管理流程形质分离、责任不清。色谱报告除了实验人员的试验数据和结论以外，各级绝缘监督人员在审核时，仅有签名，对设备缺陷缺少分析或处理意见和决定。

5. 预防及控制措施

（1）对站内变压器所有充油设备进行油化验，安排计划处理发现的缺陷。

（2）对公司各站的变压器类设备（如变压器、TV、TA、充油套管）进行普查，对缺陷进行归类，制定处理方案、处理计划。

（3）所有充油类设备需要在色谱分析报告出来后，方可投运。

7.2.6 案例 6

1. 事故前运行方式

某公司110kV用户变电站35kV系统为单母线分段接线方式，该站35kV FB3515线与电网的连接情况如图7－12所示。

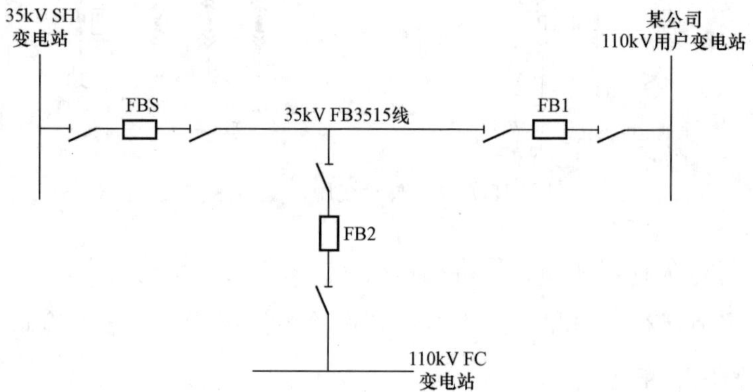

图7－12 35kV FB3515线与电网连接图

事故前，110kV FC变电站通过FB3515线向35kV SH变电站供电。

该用户变电站运行方式：35kV Ⅰ、Ⅱ段母线分段运行，35kV FB3515线热备用，一次接线如图7－13所示。

2. 事故经过

17∶30，某公司用户变电站所处地区骤降暴雨，闪电、雷声频繁，风力达到6级以上。

17∶42，35kV Ⅰ段A、B、C三相轮番多次报出单相接地信号。

18∶56，1号主变压器35kV侧复压过电流Ⅰ、Ⅱ段保护动作（整定时间为2.5s），1号主变压器35kV侧断路器跳闸，35kV Ⅰ段母线失电。同时，FC变电站的35kV FB3515线过电流Ⅱ段保护动作，FB2断路器跳闸（整定时间为0.3s）。由于动作时限不同，因此FB2断路器跳闸在前，用户变1号主变压器35kV断路器跳闸在后。

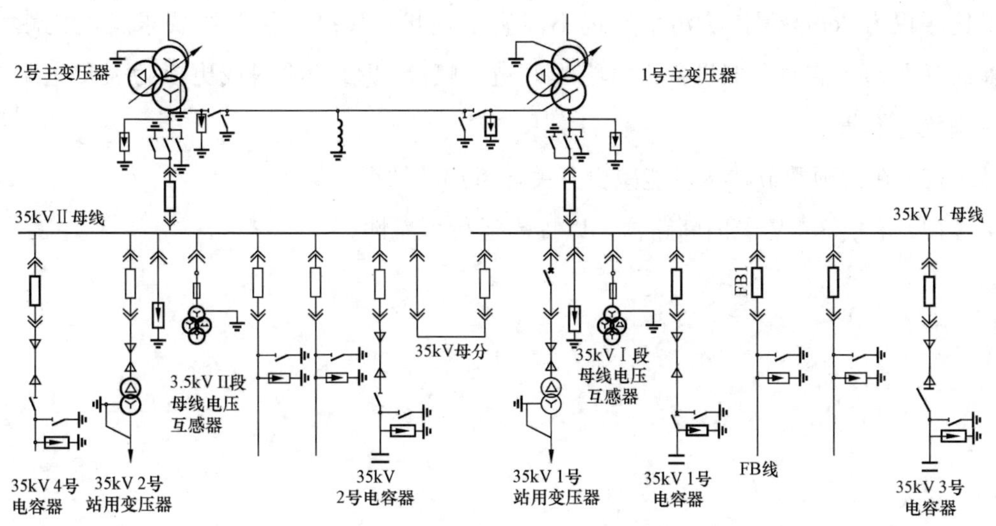

图 7－13　某公司 110kV 用户变电站 35kV 侧主接线示意图

3. 事故处理

现场检查发现 FB1 断路器外绝缘瓷套三相不同程度存在闪络破碎情况，已不具备运行条件，其他设备完好。

19：20，FB1 断路器由冷备用改断路器检修。

19：30，35kV FB3515 线恢复运行。

19：40，该公司用户变电站 35kV Ⅰ段母线恢复运行。

4. 事故原因分析

（1）根据 FB1 断路器套管闪络情况分析，本次事故是由雷电过电压引起的。

（2）校验该用户变站内各避雷针的保护范围无问题，排除直击雷的可能。

（3）35kV Ⅰ段母线所带其他线路均无保护启动情况，排除其他线路遭受雷击的可能。判断事故为 35kV FB3515 线路雷击所致，恶劣天气造成 35kV FB3515 线线路遭受雷击，过电压侵入系统中，导致 FB2 断路器跳闸。当雷电波沿 FB 线到达 FB1 断路器断口时，将发生全反射，产生两倍雷电波，使 FB1 断路器母线侧套管闪络，35kV Ⅰ段母线接地短路，越级到 1 号主变压器后备保护动作，1 号主变压器 35kV 侧断路器跳闸切除母线故障。

5. 预防及控制措施

（1）山区变电站易遭受外部雷击过电压袭击，出线间隔线路侧装避雷器，防止雷电波入侵。

（2）随着环境恶化，变电站污秽等级升高（Ⅱ级升为Ⅳ级），原设备外绝缘爬电比距仅为 2cm/kV，防污水平远不能满足现状（Ⅳ级污秽等级要求爬电比距为 3.2cm/kV)。需对老旧设备进行绝缘改造，喷涂 PRTV 涂料或更换为大爬电距防污型绝缘套管。

(3) 在雷雨季节，尽可能减少开关热备用的情况。

(4) 更换 35kV 老旧断路器，以提高运行可靠性。

附录1 倒闸操作票

××发电厂、变电站倒闸操作票　　NO.

<table>
<tr><td>发令人</td><td></td><td>受令人</td><td></td><td>发令时间</td><td colspan="2">年 月 日 时 分</td></tr>
<tr><td colspan="4">操作开始时间：
年 月 日 时 分</td><td colspan="3">操作结束时间：
年 月 日 时 分</td></tr>
<tr><td colspan="7">（ ）监护下操作 （ ）单人操作 （ ）检修人员操作</td></tr>
<tr><td colspan="7">操作任务</td></tr>
<tr><td>顺序</td><td colspan="5">操作项目</td><td>√</td></tr>
<tr><td></td><td colspan="5"></td><td></td></tr>
<tr><td></td><td colspan="5"></td><td></td></tr>
<tr><td></td><td colspan="5"></td><td></td></tr>
<tr><td></td><td colspan="5"></td><td></td></tr>
<tr><td></td><td colspan="5"></td><td></td></tr>
<tr><td></td><td colspan="5"></td><td></td></tr>
<tr><td></td><td colspan="5"></td><td></td></tr>
<tr><td></td><td colspan="5"></td><td></td></tr>
<tr><td></td><td colspan="5"></td><td></td></tr>
<tr><td colspan="7">备注</td></tr>
<tr><td colspan="7">拟票人：________　审票人：________
操作人：________　监护人：________
值班负责人（值长）：________</td></tr>
</table>

第　页共　页

附录2 工　作　票

已执行　　　　　　　　　　　　　　　　　　　　合格/不合格

变电站（发电厂）第一种工作票

单位：______________________　变电站：____________________　编号：_____

1. 工作负责人（监护人）：__________　班　组：____________________

2. 工作班人员（不包括工作负责人）：____

____

共_____人

3. 工作内容和工作地点：____

____

4. 简图：

5. 计划工作时间：自_____年_____月_____日_____时_____分至_____年_____月_____日_____时_____分

6. 安全措施（下列除注明的，均由工作票签发人填写，地线编号由许可人填写，工作许可人和工作负责人共同确认后，已执行栏打“√”）

序号	应拉断路器（开关）和隔离开关（刀闸）（注明设备双重名称）	已执行
序号	应装接地线或合接地开关（注明地点、名称和接地线编号）	已执行
序号	应设遮栏和应挂标示牌及防止二次回路误碰等措施	已执行

序号	工作地点保留带电部分和注意事项（签发人填写）	补充工作地点保留带电部分和安全措施（许可人填写）

工作票签发人签名：________________ 签发日期：_____年_____月_____日_____时_____分

7. 收到工作票时间：_____年_____月_____日_____时_____分 运行值班人员签名：________

8. 确认本工作票1～7项

工作负责人签名：________________ 工作许可人签名：________________

许可开始工作时间：______年______月______日______时______分

9. 确认工作负责人布置的工作任务和安全措施，工作班人员签名：

____

____

10. 工作负责人变动：原工作负责人____________________离去，变更____________________为工作负责人。

工作票签发人：__________________ ______年______月______日______时______分

11. 工作人员变动情况（变动人员姓名、日期及时间）：____________________________________

____

工作负责人签名：__________________

12. 工作票延期：有效期延长到______年______月______日______时______分

工作负责人签名：__________ 工作许可人签名：__________ __________年______月______日______时______分

13. 每日开工和收工时间（使用一天的工作票不必填写，可附页）

收工时间				工作负责人	工作许可人	开工时间				工作许可人	工作负责人
月	日	时	分			月	日	时	分		

14. 工作结束：全部工作于______年______月______日______时______分结束。设备及安全措施已恢复至开工前状态，工作人员已全部撤离，材料工具已清理完毕，工作已结束。

工作负责人签名：__________________ 工作许可人签名：__________________

15. 工作票终结：临时遮栏、标示牌已拆除，常设遮栏已恢复。

接地线编号：____________________________________等共__________组，接地开关（小车）共__________副（台）已拆除或拉开。

保留接地线编号：____________________________________等共__________组，接地开关（小车）共__________副（台）未拆除或拉开。

已汇报调度员__________________值班负责人签名：__________________ ______年______月______日______时______分

16. 备注：

(1) 指定专职监护人____________________________负责监护____________________________

____

（人员、地点及具体工作）

(2) 其他事项（可附页）：____

附录3 值 班 记 录

值 班 记 录

日期	班次	时间	内　　容	记录人	备注

附录4　交 接 班 记 录

交 接 班 记 录

站名	设备名称	变　动　情　况	接地开关、接地线 装设情况	交接状态	预令

附录5　保 护 核 对 记 录

保 护 核 对 记 录

序号	整定单编号	保护名称	执行日期	核对人

附录6 检修试验记录

检修试验记录

时间	工作内容 （记录工作项目、简要内容、试验数据、遗留问题及缺陷，运行注意事项、结论等）	工作负责人	验收情况	值班负责人

附录7 设备巡视记录

设备巡视记录

年	月	日	设备巡视情况	记录人	备注

附录8 设备参数登记表

设备参数登记表

设备名称	型号	额定电压（kV）	额定电流（A）	投产日期	生产厂家

附录9　设备缺陷记录

设备缺陷记录

编号	发现缺陷					消除缺陷		
	日期	缺陷内容	发现人	性质	汇报情况	日期	处理情况	记录人

附录10 开关跳闸登记表

开关跳闸登记表

变电站	设备名称	跳闸时间	故障相别	保护动作	重合闸动作	故障距离

附录11　安全工器具登记表

安全工器具登记表

单位（部门）：

物品名称	型号	数量	生产厂家	单价	保管人	附件	备注

附录12 熔丝配置表

熔丝配置表

设备间隔	熔丝名称	型号	容量	装设地点

附录13　电网调度术语

电网调度术语

编号	调度术语	含　　义
1	么、两、三、四、伍、陆、拐、八、九、洞	一、二、三、四、五、六、七、八、九、零
2	调度管辖	发电设备的出力、计划和备用。运行状态、电气设备的运行方式、结线方式、倒闸操作及事故处理均应按照当值调度员的调度命令或获得其同意后才能进行
3	调度许可	设备由下级调度运行机构管辖，但在进行有关操作前必须报告上一级值班调度并取得其许可后才能进行
4	调度同意	值班调度员对下级调度运行值班人员提出的申请、要求等予以同意
5	调度指令	值班调度员对其所管辖的设备，发布变更出力计划、备用容量、变更运行方式、结线方式、倒闸操作以及事故处理的命令
6	直接调度	值班调度员直接向现场运行值班人员发布调度命令的方式
7	间接调度	值班调度员对下级调度员发布调度命令后，由下级值班调度员向现场运行值班人员传达调度命令的方式
8	设备停役	在运行或备用中的设备经调度操作后，停止运行及备用，由检修单位进行检修、试验或其他工作
9	设备复役	检修单位检修完毕，设备具备可以投入运行条件，经调度操作后投入运行或列入备用
10	设备试运行	生产单位将停止运行的设备或新设备交给调度部门加入系统进行必要的试验与检查，并随时可以停止运行
11	开工时间	检修人员从接到可以开工通知或交出安全工作票起，即为设备检修的开工时间
12	完工时间	从接到检修人员完工通知或交出安全工作票起，即为设备检修工作结束的完工时间
13	持续停役时间	从停役到复役的连续时间

续表

编号	调度术语	含　　义
14	停役时间	锅炉从关闭主汽门的时间算起；汽机从发电机主油开关拉开算起；线路、主变压器等电气设备从各端做好保安接地许可工作算起
15	复役时间	锅炉从达到额定汽压汽温并炉供汽起；汽机从发电机主油开关合上起；线路、主变压器等电气设备从汇报工作结束起
16	有功（或无功）出力多少	指发电设备的有功（或无功）出力多少单位：有功 kW 或 MW，无功 kvar 或 Mvar
17	地区负荷	地区用电的有功（或无功）负荷
18	线路或变压器潮流	指××线路（或×号主变压器×kV 侧）的电流、有功功率、无功功率，有功功率、无功功率从母线送出为正记（$P-\mathrm{j}Q$），反之送向母线为负记（$-P+\mathrm{j}Q$）
19	增加有功（或无功）出力	同左
20	降低有功（或无功）出力	同左
21	提高频率或电压	同左
22	降低频率或电压	同左
23	系统解列期间由你厂负责调频	同左
24	空载	发电机未并列但已达到额定转速，线路、主变压器已带电但不带负荷
25	超负荷	发电机组等电器设备的负荷超过制造厂规定或改造后规定的限额
26	×点××分×号机并列	发电机用准同期方法并入电网
27	满载	发电机并入系统后已达到额定出力，主变压器所带负荷已达到铭牌规定
28	××保护动作跳闸	××继电保护动作开关跳闸
29	××开关跳闸保护未动作	××开关跳闸，继电保护未动作
30	×点×分××开关跳闸	同左

续表

编号	调度术语	含　　义
31	×点×分××开关跳闸重合闸成功	同左
32	×点×分××开关跳闸重合闸拒动	×点×分××开关跳闸，重合闸未动作
33	×点×分××开关跳闸重合闸拒动	×点×分××开关跳闸，重合闸未动作
34	×点×分××开关跳闸重合失败	×点×分××开关跳闸重合闸动作后又跳闸
35	×点×分××开关强送成功	×点×分××开关再次合闸后运行正常
36	×点×分××开关强送失败	×点×分××开关再次合闸后又跳闸
37	××母线单相接地	经消弧线圈接地或不接地系统中发生单相接地后，变电站（或发电厂）的母线接地信号指示
38	××开关非全相运行	××开关原在运行状态，由于保护动作（跳闸重合闸动作）或在操作过程中拉、合闸等致使开关某一相或某两相运行
39	直流接地	直流系统中某极对地绝缘降低或到零
40	直流接地消失	直流系统中某极对地绝缘恢复，接地消失
41	紧急减负荷	系统事故或异常情况下，需要紧急拉馈线或将发电机紧急减出力
42	振荡	电力系统并列的两部分或几部分之间失去同期，使系统上的电压表、电流表、有功表无功表发生大幅度有规律的摆动现象
43	波动	系统电压发生瞬时下降或上升后立即恢复正常
44	摆动	系统上的电压表、电流表产生有规律的小摇摆现象
45	带电巡线	在线路有电时进行巡视线路
46	停电巡线	在线路停电并接好地线情况下巡视线路

附录14　电网操作术语

××电网操作术语

编号	操作术语	操作内容
1	操作指令	值班调度员对其所管辖的设备进行变更电气接线方式或事故处理而发布倒闸操作的指令
2	并列	发电机（或两个系统间）经检查同期后并列运行
3	解列	发电机（或一个系统）与大系统解除并列运行
4	合环	有新的电流环路形成的开关操作
5	解环	操作后导致某原有电流环路解开的开关操作
6	开机	将发电机组启动待与系统并列
7	停机	将发电机组解列后停下
8	合上	把开关或刀闸从断开位置改到接通位置
9	拉开	把开关或刀闸从接通位置改到断开位置
10	开启	将主汽门或阀门从闭路状态改到通路状态
11	关闭	将主汽门或阀门从通路状态改到闭路状态
12	开关跳闸	未经操作的开关由合闸状态转为分闸状态
13	倒排	线路、主变压器等设备由接在某一条母线改为接在另一条母线上
14	冷倒	开关在热备用状态，拉开×母刀闸，再合上×母刀闸，而后合上开关。同时也作为停电方式倒设备（包括负荷）的统称
15	热倒	开关在合上状态，合上×母刀闸，再拉开×母刀闸。同时也是不停电方式倒设备（包括负荷）的统称
16	充电	设备带标准电压但不接带负荷
17	送电	对设备充电并带负荷
18	停电	拉开开关使设备不带电
19	强送	设备因故障跳闸后，未经检查即送电
20	试送	设备因故障跳闸后经初步检查后再送电
21	带电巡线	在线路带电情况下巡线
22	停电巡线	在线路停电并挂好地线情况下巡线

续表

编号	操作术语	操 作 内 容
23	事故带电巡线	线路发生事故后，在线路带电的情况下（或按照线路带电运行的工作标准）对线路进行巡视以查明故障原因
24	事故停电巡线	线路发生事故后，将线路停电并两侧改线路检修后对线路进行巡视以查明故障原因
25	事故快巡	线路发生事故后，要求利用快速交通工具和其他辅助巡视器具对线路走廊情况进行巡视，以便快速确认是否有外力破坏、倒杆、断线等明显线路损伤
26	事故抢修	将故障设备停役后，直接许可故障查找工作，故障明确后，可不经另外调度许可直接进行抢修处理。抢修结束后，将故障原因和处理情况一并向调度汇报
27	特巡	对带电线路在暴风雨、覆冰、雾、河流开冰、水灾、大负荷、地震等情况下的巡线。同时也是非事故后因特殊需要对线路组织巡视确认运行情况是否正常的统称（包括保供电前对重要线路进行巡检）
28	验电	用验电工具验明设备是否带电
29	放电	设备停电后，用工具将电荷放去
30	挂接地线	用临时接地线将设备与大地接通
31	拆接地线	拆除将设备与大地接通的临时接地线
32	合上接地开关	用接地开关将设备与大地接通
33	拉开接地开关	用接地开关将设备与大地断开
34	拆引线或接引线	将设备引线或架空线的跨接线拆断或接通
35	核相	用仪表工具核对两电源或环路相位是否相同
36	核对相序	用仪表或其他手段，核对电源的相序是否正确
37	短接	用临时导线将开关或闸刀等设备跨越旁路
38	带电拆装	在设备带电状态下拆断或接通短线
39	零起升压	利用发电机将设备从零起渐渐增至额定电压
40	限电	限制用户用电
41	拉电	事故情况下（或超电网供电能力时）将供向用户用电的电力线路切断停止送电
42	错峰	对部分负荷的用电时间进行变换，以减小用电高峰时的总体电力，但不影响用户的生产需求（即保持用电量不变）
43	避峰	让部分用电高峰时段用户避开高峰时段用电，以减小用电高峰时的总体电力（即总体用电量有所减少）

续表

编号	操作术语	操 作 内 容
44	移峰	通过对用户采取错峰或避峰措施，使得用电电力曲线得以改变，主要是使用电尖峰电力值下降
45	有序用电	电力部门通过各种措施将有限的电力及电量资源加以用电的计划性的有序安排
46	保安电力	保证人身和设备安全的电力
47	开关改非自动	将开关的操作直流回路解除
48	开关改自动	恢复开关的直流回路
49	××设备由××改为××	××设备（包括线路、母线、主变压器等一、二次设备）由一种电气状态改到另一种电气状态